Kliniktaschenbücher

B. Kummer

Einführung in die Biomechanik des Hüftgelenks

Mit 68 Abbildungen

Springer-Verlag
Berlin Heidelberg New York Tokyo

Prof. Dr. Benno Kummer

Anatomisches Institut
der Universität
Joseph-Stelzmann-Str. 9
5000 Köln 41

ISBN-13:978-3-540-15371-9   e-ISBN-13:978-3-642-95473-3
DOI: 10.1007/978-3-642-95473-3

Satz- und Bindearbeiten: G. Appl, Wemding,
Druck: aprinta, Wemding
2124/3130-543210

Vorwort

Seit vor rund 50 Jahren durch die richtungweisenden Arbeiten von F. Pauwels eine Renaissance der Biomechanik des Bewegungsapparats eingeleitet wurde, ist eine moderne wissenschaftliche Orthopädie ohne solide biomechanische Grundlage nicht mehr denkbar. Allerdings ist es für den Arzt nicht ganz leicht, sich in das trockene und reichlich mit Mathematik durchsetzte Gebiet der Mechanik einzuarbeiten. Dazu fehlt vielfach die Zeit. Andererseits mangelt es auch oft an den notwendigen physikalischen und mathematischen Grundkenntnissen, und es ist überdies recht schwierig, aus der Fülle des Stoffes die für die jeweilige Problemlösung relevanten physikalischen Grundlagen in der richtigen Weise herauszufiltern.

Aus diesem Grund wird hier der Versuch unternommen, die für die Biomechanik des Hüftgelenks wichtigen Zusammenhänge in einer auch für den nicht mathematisch Vorgebildeten verständlichen Weise zu erklären, ohne daß jedoch darunter die Exaktheit der Darstellung leiden soll. Da es sich um Kräfte, Momente und Gleichgewichtsbedingungen handelt, müssen diese Begriffe in ihrer gegenseitigen Abhängigkeit beschrieben werden. Dazu eignet sich die bereits von Pauwels in meisterhafter Weise eingesetzte Methode der graphischen Statik ganz besonders, weil sie es gestattet, die entscheidenden physikalischen Größen auch ohne mathematische Formeln anschaulich wiederzugeben. An verschiedenen

Stellen werden zwar die grundlegenden Beziehungen auch in Form einfacher mathematischer Funktionen dargestellt, der dadurch beschriebene Zusammenhang kann aber in jedem Fall ebenso gut allein aus den Abbildungen und dem zugehörigen Text verstanden werden.

Besonderer Wert wurde auf eine ausgiebige Illustration gelegt. Die Bilder, deren technische Ausführung ich zum größten Teil Frau I. Schreiber zu verdanken habe, werden seit Jahren in der Vorlesung über Biomechanik verwendet. Sie enthalten alle wesentlichen Informationen. Der bewußt knapp gehaltene Text soll lediglich das Verständnis erleichtern oder hier und da Ergänzungen liefern.

Ganz besonders danke ich Herrn Dr. Heinz Götze sowie den Mitarbeitern des Springer-Verlags, die so bereitwillig auf die Wünsche bezüglich des Layout eingingen und für ein schnelles Erscheinen gesorgt haben.

Wie der Titel des Buches bereits ausdrückt, wird hier nicht der Anspruch erhoben, die Biomechanik des Hüftgelenks vollständig im Detail darzustellen. Dazu wären u. a. eine ausführlichere mathematische Beschreibung sowie eine eingehende Diskussion der Materialkonstanten der am Gelenkaufbau beteiligten Gewebe erforderlich. An dieser Stelle kommt es vielmehr darauf an, den an der Problematik Interessierten in die Grundlagen der Mechanik eines Kugelgelenks, speziell des Hüftgelenks, einzuführen und damit die Voraussetzungen für ein tieferes Eindringen in die Gelenkmechanik und vielleicht auch für eigene weiterführende Untersuchungen zu schaffen.

Köln, im Oktober 1984   B. KUMMER

Inhaltsverzeichnis

Einleitung

Hier sollen ausschließlich die wichtigsten physikalischen Grundlagen dargestellt werden, die zum Verständnis der Mechanik eines Kugelgelenks – speziell des Hüftgelenks – unerläßlich sind.

Nach der Gliederung von S. Falk (1967) wird die Mechanik in *Kinematik* (Bewegungsgeometrie) und *Dynamik* (Lehre von den Massen und Kräften) eingeteilt. In der Dynamik können wiederum *Statik* (Lehre von den *ruhenden* Massen und Kräften) und *Kinetik* (Lehre von den *bewegten* Massen und Kräften) unterschieden werden.

Demzufolge werden im Anschluß an die Geometrie des Hüftgelenks seine Kinematik, Statik und Kinetik beschrieben.

Funktionelle Anatomie des Hüftgelenks

Morphologie

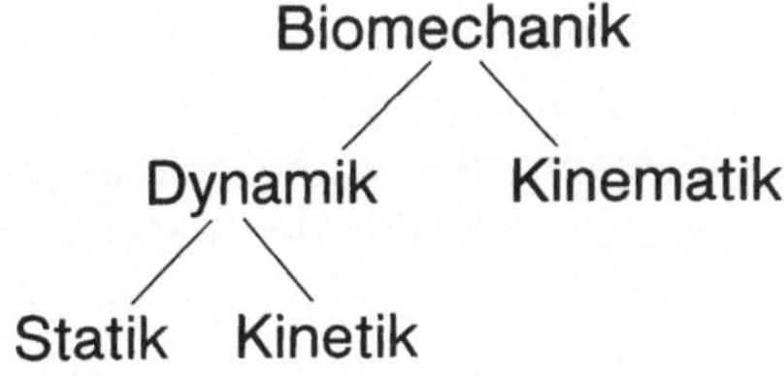

Geometrie des Hüftgelenks

Für die folgenden Betrachtungen soll das Hüftgelenk zunächst als ideales *Kugelgelenk* angesehen werden. Die möglichen Konsequenzen einer Abweichung von der idealen Kugelgestalt werden S. 116 ff. diskutiert.

Für die genaue Lokalisation von Kraftangriffspunkten, gegenseitiger Stellung der Gelenkpartner und von Merkmalen an den Gelenkoberflächen müssen für Kopf und Pfanne Koordinatensysteme vereinbart werden, die eine eindeutige Beschreibung der Lage von Punkten auf beiden Oberflächen gestatten.

Wegen der Kugelform beider Gelenkflächen liegt es nahe, ein geographisches Koordinatennetz zu verwenden, analog der Einteilung auf einem Erdglobus. Dabei sind, der besseren Verständigung wegen, die Koordinatensysteme von Kopf und Pfanne auch durch ihre sprachlichen Bezeichnungen deutlich voneinander zu unterscheiden.

Weil beide Gelenkflächen keine vollständigen Kugelflächen sind, kann jeweils nur ein *Pol* festgelegt werden. Der zugehörige *Äquator* ist dann als Großkreis im 90°-Abstand eindeutig definiert. Der Nullmeridian und die Zählrichtung der Meridiane müssen auf jeder Gelenkfläche per conventionem bestimmt werden.

Wenn man dem Femurkopf das terrestrische Koordinatensystem zuordnet, könnte man in das Azetabulum zur besseren Unterscheidung die ekliptikalen Koordinaten legen. Es ist aber sicher verständlicher, einfach die Bezeichnungen „Kopfpol", „Kopfäquator", „Pfannenpol", „Pfannenäquator" usw. zu verwenden, nur muß der eindeutigen Verständigung wegen darauf geachtet werden, daß die Präfixe „Kopf-" bzw. „Pfannen-" niemals weggelassen werden.

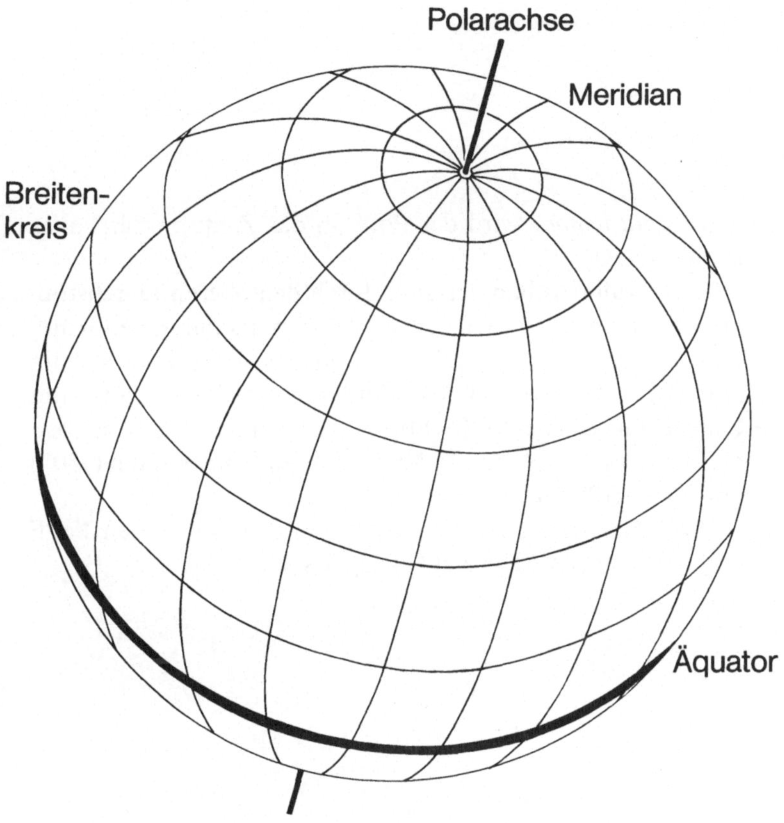

Das Kugelgelenk kann mit einem Globus vergli-
chen werden. Ein entsprechendes Koordinatensystem erlaubt eine exakte Orientierung.

Am *Caput femoris* wird der Pol F in das Zentrum der Fovea capitis gelegt.

Der Nullmeridian verlaufe durch den oberen Durchstoßpunkt der mechanischen Achse[1] des Femurs durch den Kopf. Dies ist zugleich der höchste Punkt des Femurkopfes beim aufrechten Stehen mit vollständig gestreckten Hüft- und Kniegelenken. Die Zählrichtung der Meridiane läuft bei beiden Femora von oben (0°) über vorn (90°) nach unten (180°) und hinten (270°).

Die *Polarachse* des Femurkopfes ist durch seinen Pol F und den Kugelmittelpunkt C festgelegt.

---

[1] Die „mechanische Achse" des Femurs ist eine Gerade durch den Kopfmittelpunkt C und den Mittelpunkt des Kniegelenks.

Das Kugelzentrum C ist der Kopfmittelpunkt und zugleich der Drehpunkt des Gelenks.

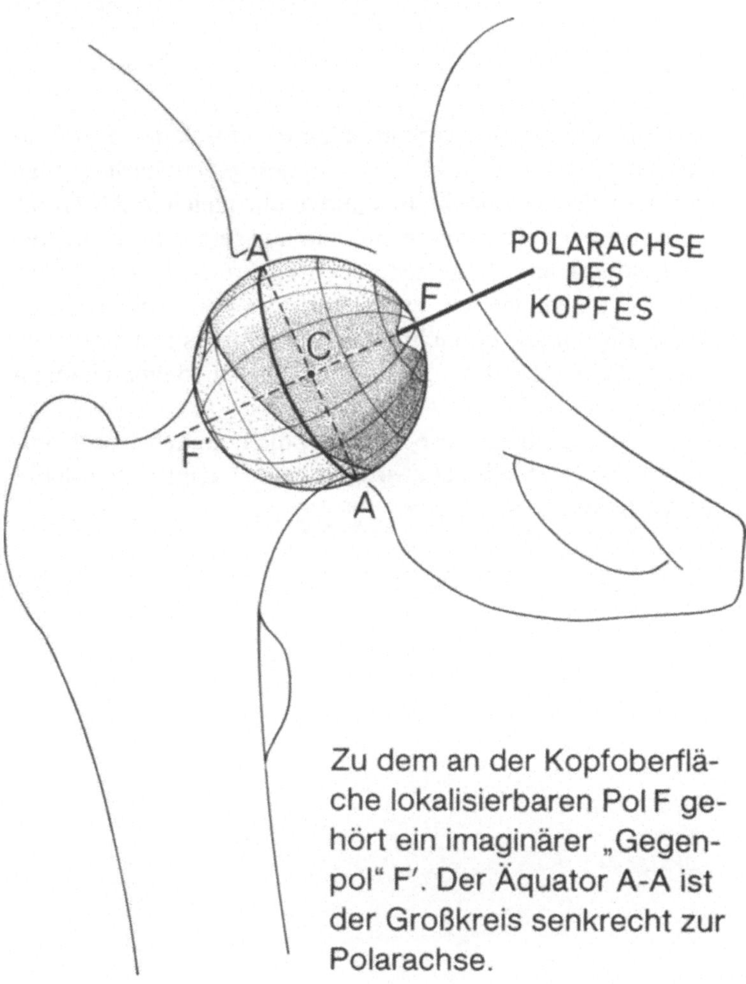

Zu dem an der Kopfoberfläche lokalisierbaren Pol F gehört ein imaginärer „Gegenpol" F'. Der Äquator A-A ist der Großkreis senkrecht zur Polarachse.

Die *Schenkelhalsachse* verläuft ebenfalls durch den Kopfmittelpunkt C und hält im übrigen von den gegenüberliegenden Konturen des Schenkelhalses „ungefähr gleichen Abstand".

Da sie per definitionem eine Gerade sein soll, die beiden Halskonturen aber (unterschiedlich!) gekrümmt sind, läßt sie sich nicht geometrisch exakt konstruieren, sondern muß „nach Augenmaß" gezeichnet werden. Daraus resultieren geringe individuelle Abweichungen bei verschiedenen Untersuchern.

Die Schenkelhalsachse schneidet die Polarachse im Kopfmittelpunkt. Der Winkel zwischen beiden zeigt eine erhebliche Variation.

Während der Kopfpol an der Oberfläche des Caput femoris leicht zu lokalisieren ist, kann die Schenkelhalsachse nur im Röntgenbild bestimmt werden.

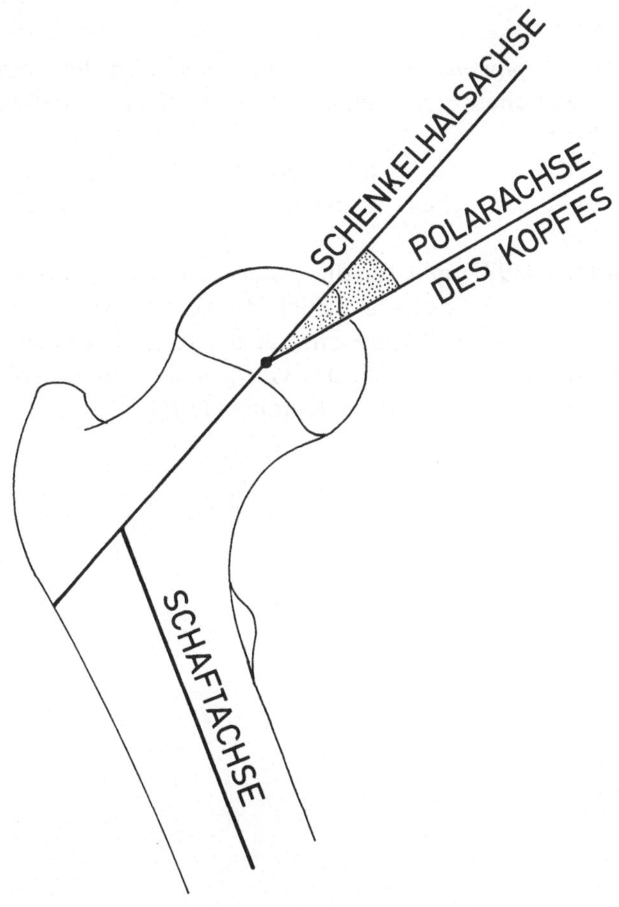

Kopfachse und Halsachse schließen einen individuell sehr variablen Winkel ein.

Als *Kollodiaphysenwinkel* (CCD-Winkel γ) wird der stumpfe Winkel zwischen Schenkelhalsachse und Femurschaftachse bezeichnet.

Nach v. Lanz u. Wachsmuth (1972) variiert er von $115°-140°$ mit einer mittleren Schwankungsbreite von $120°-133°$.

Birkner (1977) gibt für die *Coxa vara* einen Winkel $\gamma <$ $120°$ und für die *Coxa valga* einen Winkel $\gamma > 135°$ an.

Neben anderen Parametern hat der Kollodiaphysenwinkel für die Beanspruchung des Hüftgelenks eine erhebliche Bedeutung (vgl. Amtmann u. Kummer 1968).

Wenn alle anderen Parameter gleich bleiben, bestimmt der Winkel γ die Länge des Hebelarms der
Hüftabduktoren.

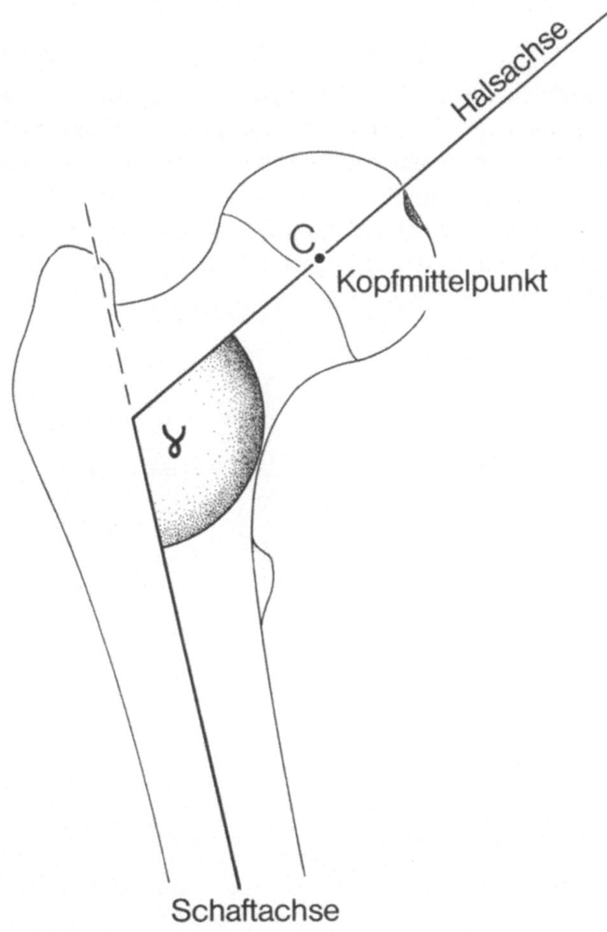

Je kleiner der Winkel γ, desto länger der Hebelarm
der Abduktionsmuskeln.

Für biomechanische Betrachtungen ist hauptsächlich der in die Frontalebene projizierte Kollodiaphysenwinkel wichtig, wie er auf a.-p.-Röntgenaufnahmen erscheint. Wegen der „Torsion" des proximalen Femurendes wird daher der CCD-Winkel bei Rotationsmittelstellung des Beins aus perspektivischen Gründen in der Röntgenaufnahme meist zu groß erscheinen.

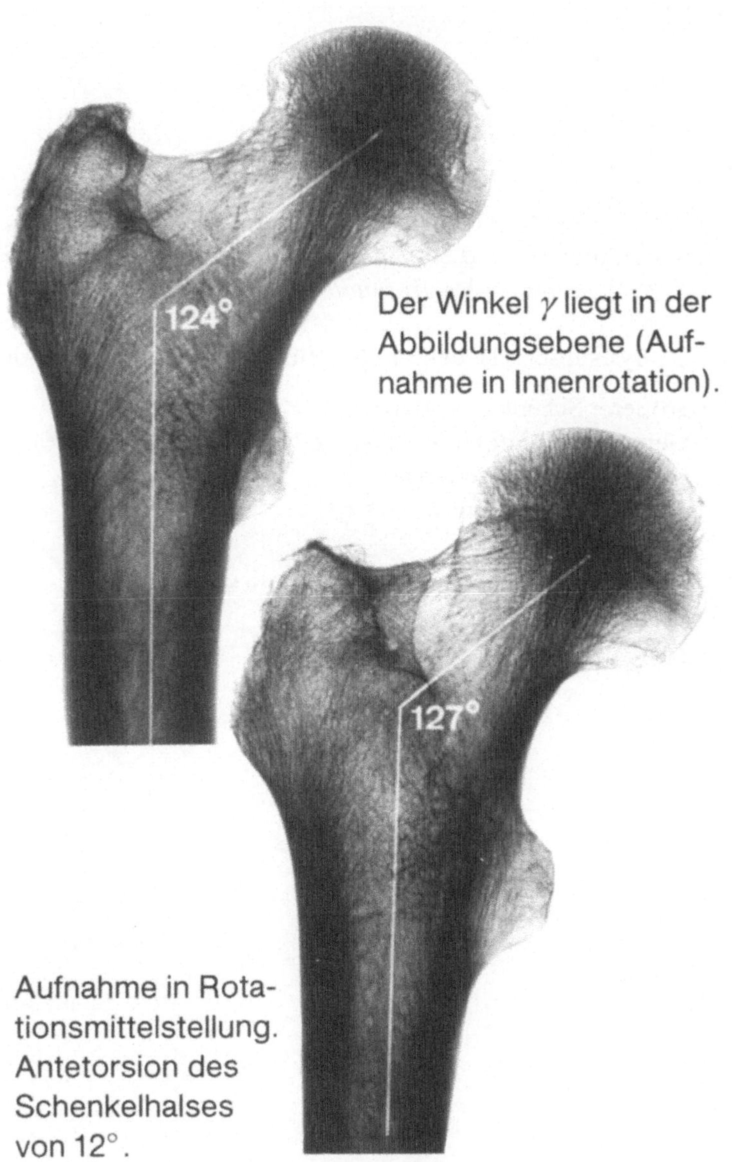

Der Winkel γ liegt in der Abbildungsebene (Aufnahme in Innenrotation).

Aufnahme in Rotationsmittelstellung. Antetorsion des Schenkelhalses von 12°.

Weitere, für die Gelenkmechanik relevante Parameter des koxalen Femurendes sind die *Schenkelhalslänge* sowie die Länge und Winkelstellung des *Trochanter major.*

Der physikalische Hebelarm der Hüftabduktoren wächst mit

- größerer Schenkelhalslänge c,
- kleinerem Kollodiaphysenwinkel γ,
- größerer Trochanterlänge u,
- größerem Trochanterwinkel τ,

(Siehe S. 112 ff.; vgl. auch Amtmann u. Kummer 1968.)

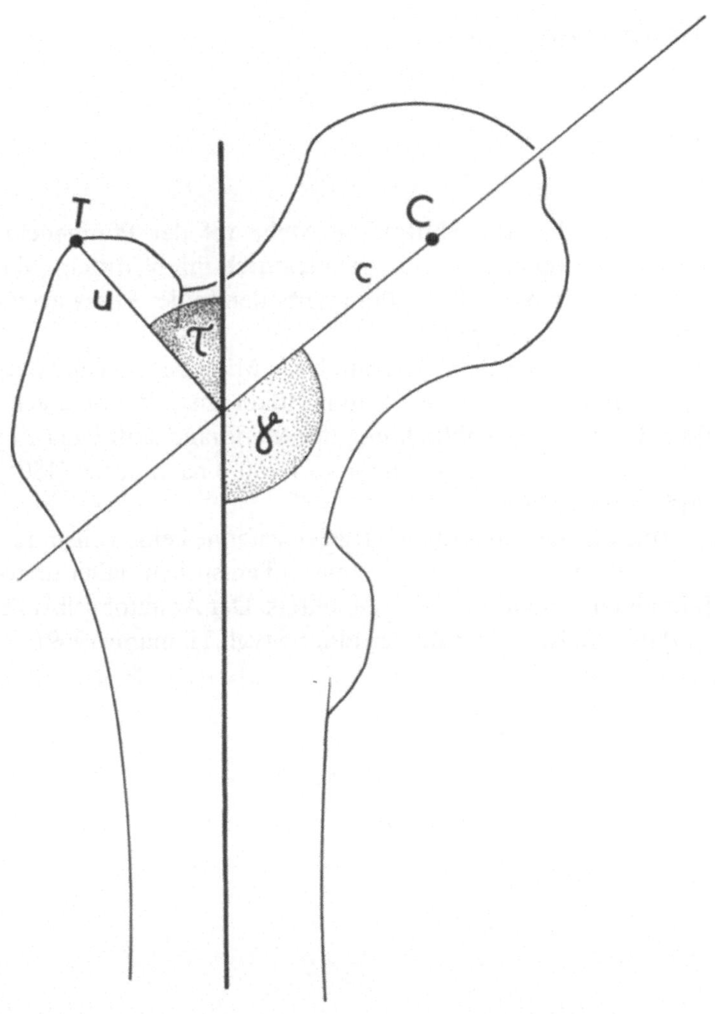

Die Morphologie des koxalen Femurendes bestimmt den Muskelhebel.

Die Polarachse der Hüftpfanne steht auf der Pfanneneingangsebene senkrecht und verläuft durch ihren Mittelpunkt. Ihr Auftreffpunkt auf den Pfannenboden in der Fossa acetabuli ist der Pfannenpol P.

Der 180°-Meridian geht durch die Mitte der Incisura acetabuli. Folglich liegt der Nullmeridian im „Pfannendach" dorsokranial. Die Zählrichtung der Meridiane läuft wie beim Femurkopf von oben (0°) über vorn (90°) nach unten (180°) und hinten (270°).

Im allgemeinen ist die Hüftgelenkpfanne keine vollständige Hohlkugelhälfte. Der Pfannenrand entspricht daher ungefähr einem äquatornahen Breitenkreis. Der Äquator selbst läge daher meist außerhalb der Pfanne (vgl. Tillmann 1969).

Dem Pfannenpol P liegt der „Gegenpol" P′ gegenüber. Der Pfannenäquator B-B entspricht i. allg. nicht genau der Pfanneneingangsebene.

Koordinatensystem der Hüftpfanne:

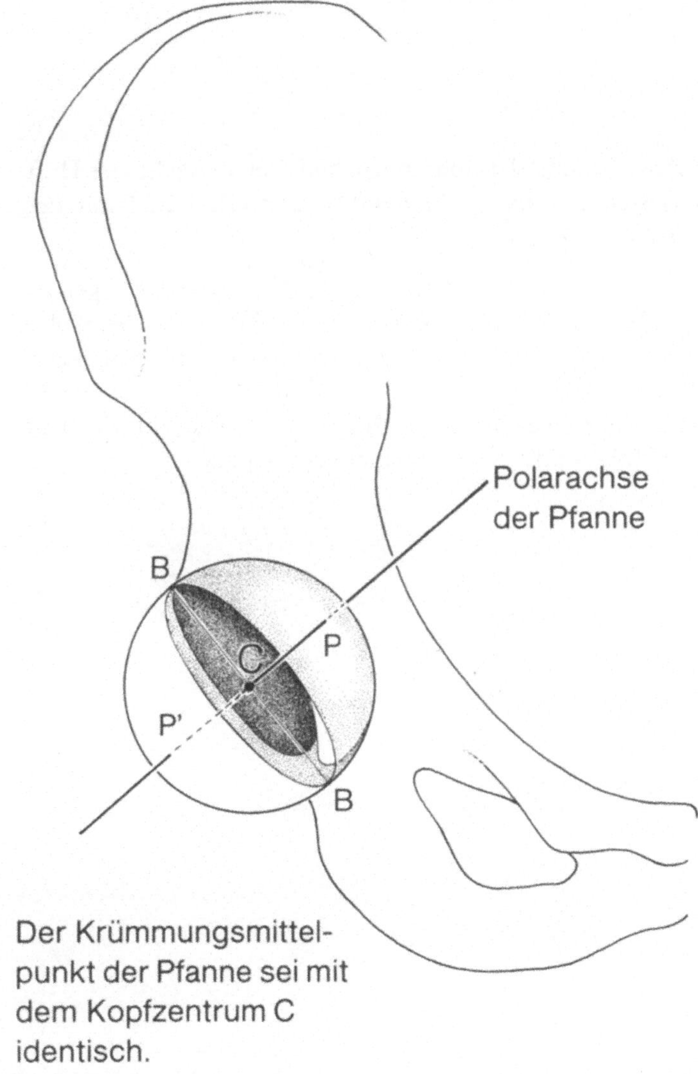

Der Krümmungsmittel-
punkt der Pfanne sei mit
dem Kopfzentrum C
identisch.

Die Ausdehnung der überknorpelten Gelenkfläche der Hüftgelenkpfanne – der *Facies lunata* – kann durch 2 Parameter beschrieben werden:

1) die größte Breite (im Bereich des „Pfannendachs"), gemessen durch den zum Kreisbogen gehörenden Winkel λ mit Zentrum im Pfannenmittelpunkt (= Hüftgelenkzentrum C),
2) der „Öffnungswinkel" der Incisura acetabuli mit Zentrum im Mittelpunkt der Pfanneneingangsebene.

Facies lunata

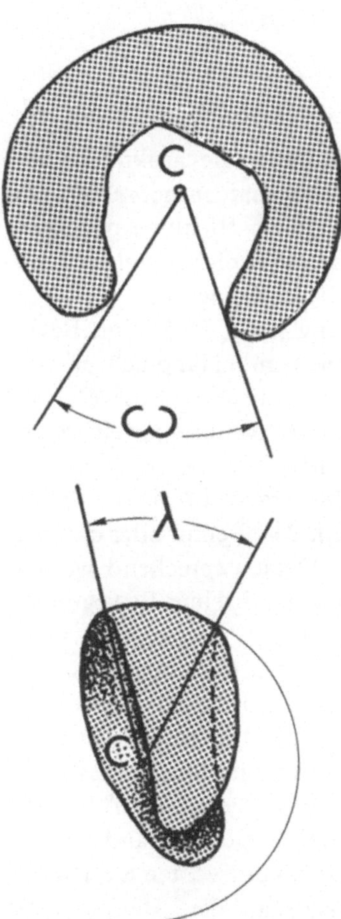

Öffnungswinkel der
Incisura acetabuli

größte Breite der Fa-
cies lunata

Zum größenunabhängigen Vergleich verschiede-
ner Gelenkpfannen können Winkelmaße verwendet
werden. Alle Winkel werden vom Pfannenzen-
trum C gemessen.

Kinematik des Hüftgelenks

In einem idealen Kugelgelenk können die artikulierenden Elemente prinzipiell um ihren gemeinsamen geometrischen Mittelpunkt *(Drehzentrum)* in beliebiger Richtung gegeneinander gedreht werden. Damit besitzt ein solches Gelenk theoretisch unendlich viele mögliche Rotationsachsen.

Zur vollständigen Beschreibung jeder denkbaren Bewegung genügt jedoch ein System von 3 Hauptachsen, die zweckmäßigerweise (jedoch nicht notwendigerweise!) entsprechend den 3 Hauptrichtungen des Raumes jeweils rechtwinklig zueinander angeordnet sind.

Im Prinzip kann frei gewählt werden, ob dieses dreidimensionale Koordinatensystem mit dem Femur oder mit dem Becken fest verbunden sein soll. Dementsprechend werden die Definitionen und Beschreibungen einzelner Bewegungen ausfallen. Aus praktischen Erwägungen erscheint es allerdings vernünftig, das Achsensystem mit dem Femur zu verbinden, weil nur dann eine Rotation um die Beinachse stets als Rotation beschrieben werden kann. Das führt zu der Konsequenz, daß bei einer Bewegung des Beins um eine bestimmte Achse die beiden anderen Achsen „mitgenommen" werden und daher gegenüber dem Becken ihre Richtung ändern.

In der „Grundstellung", d. h. beim aufrechten Stehen mit gestreckten Knie- und Hüftgelenken, sind die 3 Hauptachsen folgendermaßen definiert:

Achse 1. verläuft bei horizontal eingestelltem Becken vertikal und entspricht meist mehr oder weniger genau der „Traglinie" des Beins.

Drei Achsen im Raum kennzeichnen drei Freiheits-
grade der Rotationsmöglichkeiten.

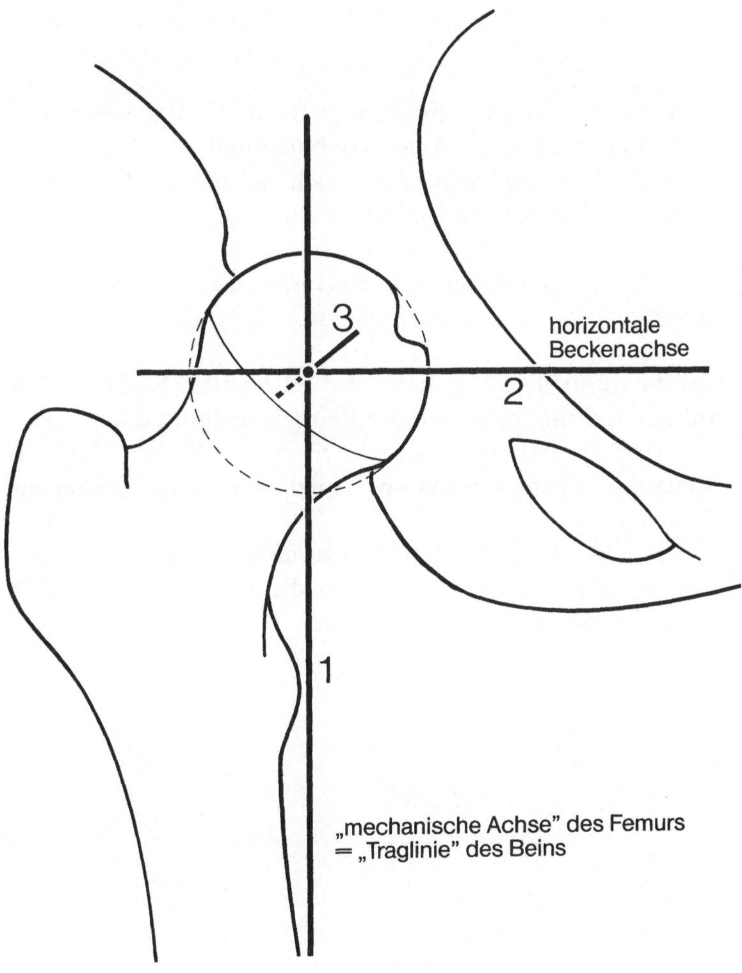

Achse 2. verbindet die Zentren beider Hüftgelenke und verläuft bei normalem Skelettbau horizontal.

Achse 3. verläuft sagittal und steht auf der durch die Achsen 1 und 2 bestimmten (Frontal)ebene senkrecht.

Alle 3 Achsen schneiden sich im Hüftgelenkzentrum C rechtwinklig.

Um die vertikale Längsachse der Extremität (Nr. 1) werden Außen- und Innenrotation des Beins ausgeführt, dabei verlagern sich die beiden anderen Achsen, so daß die Begriffe „Beugung" oder „Abduktion" einen anderen Sinn erhalten können.

Die in der Grundstellung horizontale Achse (Nr. 2) ist die Flexions-Extensions-Achse und um die sagittale Achse (Nr. 3) erfolgen Adduktion und Abduktion.

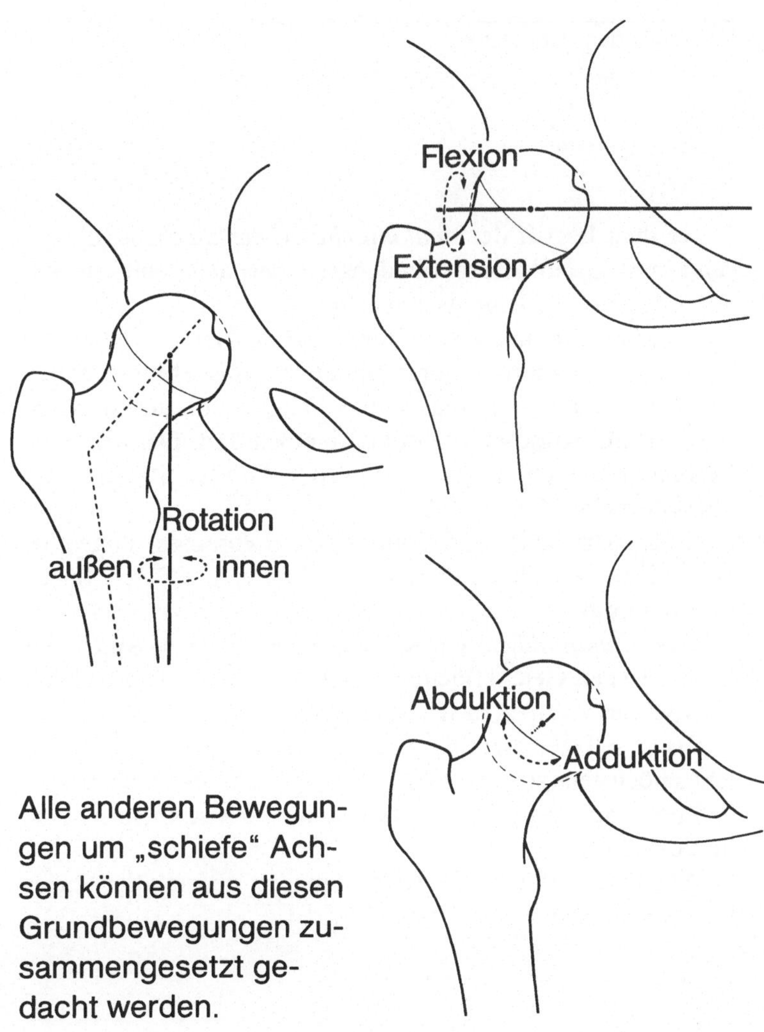

Alle anderen Bewegungen um „schiefe" Achsen können aus diesen Grundbewegungen zusammengesetzt gedacht werden.

Um jede Achse gibt es eine Hin- und eine Rückbewegung, die mathematisch durch verschiedene Vorzeichen beschrieben werden.

Unter dem Begriff der *anatomischen Gelenkfläche* ist die gesamte mit Gelenkknorpel bedeckte Oberfläche eines artikulierenden Skelettelements zu verstehen.

Es ist eine triviale Feststellung, daß die Gelenkflächen der beiden Gelenkpartner unterschiedliche Ausdehnung haben müssen, wenn eine Bewegung möglich sein soll und stets nur Knorpel mit Knorpel in Kontakt bleiben darf. Der mögliche Bewegungsausschlag hängt von der Größendifferenz der überknorpelten Flächen ab.

Ebenso trivial ist es, daß unter diesen Voraussetzungen bei einem Kugelgelenk die Pfanne stets die kleinere Gelenkfläche besitzen muß.

Als *Kontaktfläche* eines Gelenks wird jener Anteil der anatomischen Gelenkfläche bezeichnet, der mit dem Gelenkknorpel des Partners in Kontakt steht.

Es ist selbstverständlich, daß die Kontaktfläche eines Gelenks höchstens so groß sein kann wie die kleinere der artikulierenden anatomischen Gelenkflächen. Meist entspricht sie ihr vollständig.

Die Kontaktfläche des Hüftgelenks ist stets mit der Facies lunata identisch.

Anatomische Gelenkflächen und Kontaktfläche:

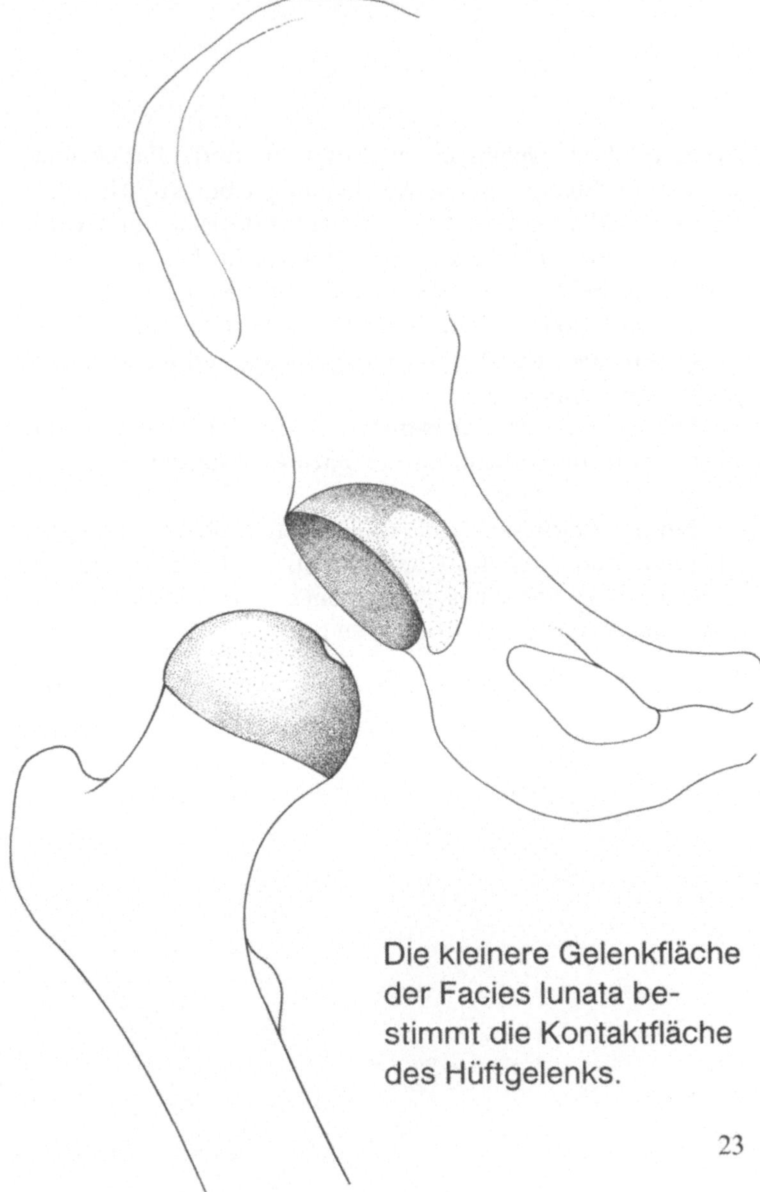

Die kleinere Gelenkfläche
der Facies lunata be-
stimmt die Kontaktfläche
des Hüftgelenks.

Während der Bewegungen im Hüftgelenk ist die Facies lunata stets in ihrer gesamten Ausdehnung Kontaktfläche. Auf dem Gelenkknorpel des Femurkopfes ist dagegen nur der von der Facies lunata bedeckte Anteil Kontaktfläche. Er wechselt seine Lage bei den verschiedenen Gelenkstellungen.

In den Extremstellungen des Hüftgelenks decken sich die entsprechenden Ränder von Facies lunata und Kopfknorpel mehr oder weniger genau.

Die Deckung ist bei extremer Adduktion nahezu exakt, hier berührt der Innenrand der Facies lunata den Knorpelrand der Fovea capitis.

Bei der Abduktion und Außenrotation bleibt demgegenüber eine Randzone des Kopfknorpels von der Facies lunata unbedeckt: es handelt sich um jenen Bezirk, der mit dem Labrum acetabulare in Kontakt steht.

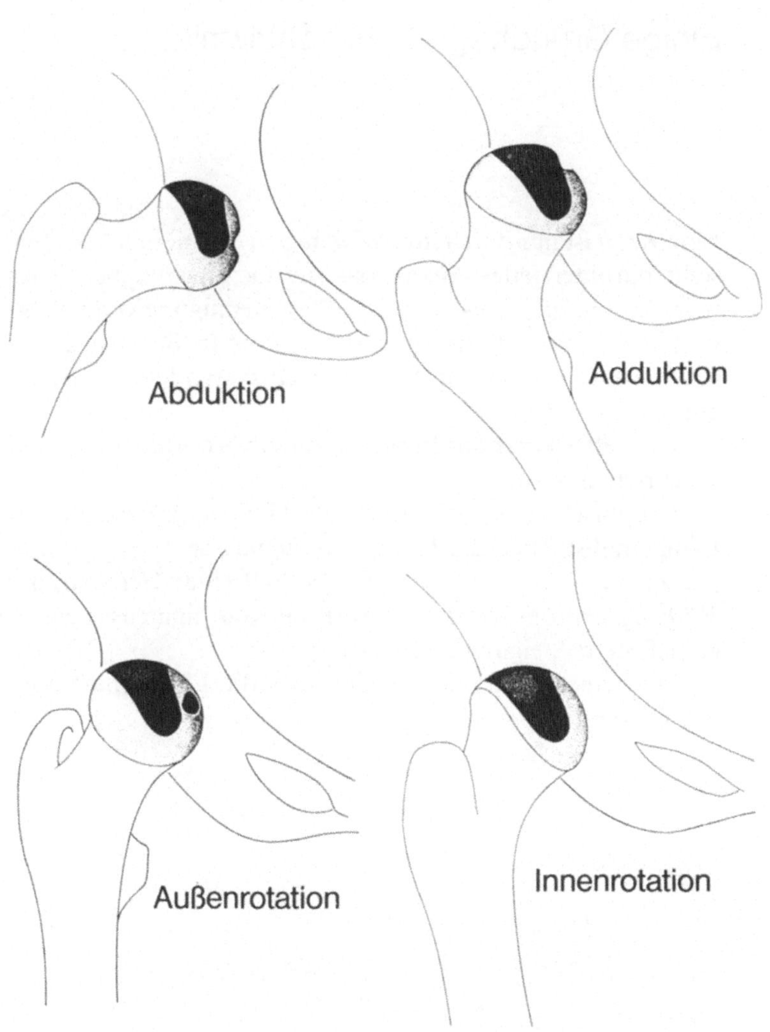

Abduktion
Adduktion
Außenrotation
Innenrotation

Einige Grundbegriffe der Dynamik

Eine *Kraft* ist nur durch ihre Wirkung zu definieren. Man versteht darunter jedes Agens, das die Geschwindigkeit eines Körpers verändert, also ihm eine Beschleunigung verleiht. So wird durch sie z. B. ein ruhender Körper in Bewegung versetzt. Das bedeutet zugleich eine Ortsveränderung: Bewegung.

Dies alles kann nur in bezug auf ein Koordinatensystem beschrieben werden.

Graphisch wird eine Kraft als Pfeil dargestellt, dessen Länge maßstäblich die Kraftgröße angibt, seine Spitze zeigt die Richtung an. Der Kraftpfeil ist Teil einer Geraden, der *Wirkungslinie* der Kraft. Sie besitzt im Koordinatensystem eine definierte Steigung und Lage.

Mathematisch betrachtet sind dies die Eigenschaften eines *Vektors*.

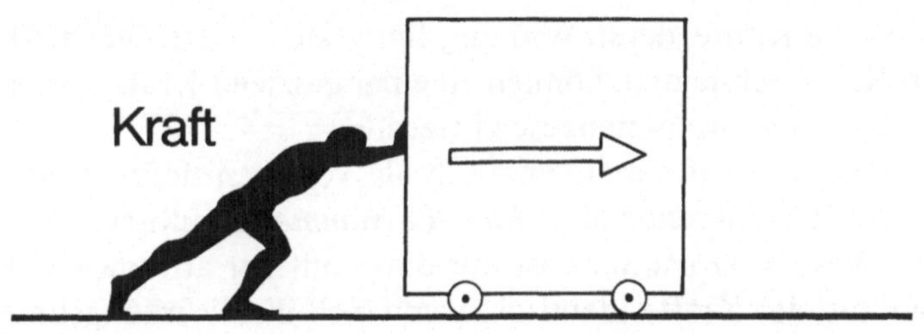
Kraft

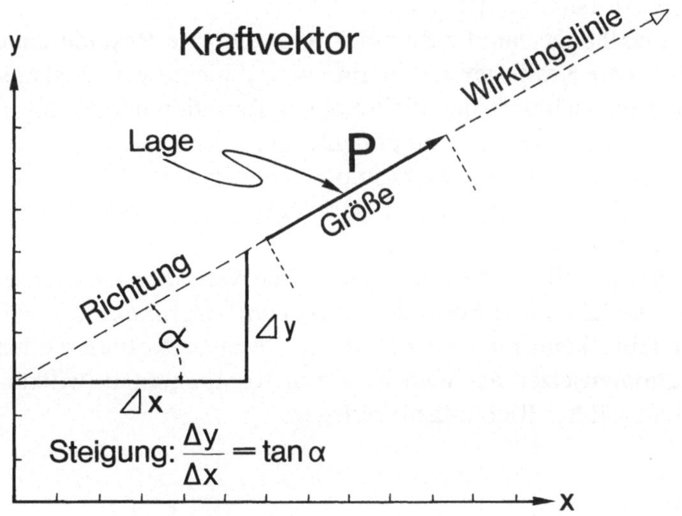
y
Kraftvektor
Wirkungslinie
Lage
P
Größe
Richtung
α
Δy
Δx
Steigung: Δy/Δx = tan α
x

Mehrere Kräfte, deren Wirkungslinien sich in der Ebene oder im Raum schneiden, können zu einer einzigen Kraft, der *Resultierenden* zusammengesetzt werden.

Da die Kräfte mathematisch als Vektoren definiert sind, ist die Resultierende als *vektorielle Summe* aufzufassen.

Diese Vektorsumme ist nur dann mit der arithmetischen Summe der Kräfte identisch, wenn sich ihre Wirkungslinien im Unendlichen schneiden, also parallel sind. Sie weicht um so mehr von der arithmetischen Summe ab, je größer der Winkel zwischen den Wirkungslinien ist, und zwar ist dann die Vektorsumme stets kleiner.

Das hängt damit zusammen, daß die eine Resultierende bildenden Kräfte jeweils in eine Komponente gemeinsamer Richtung (nämlich der Richtung der Resultierenden) und in eine dazu senkrechte Komponente (Querkomponente) zerlegt werden können. Die Querkomponenten (P_Q) sind stets gleich groß, aber entgegengesetzt gerichtet. Durch sie geht also „Kraft verloren".

Anschaulicher als das rechnerische Verfahren ist die graphische Lösung in Form des *Kräfteparallelogramms*. Mit seiner Hilfe kann man sowohl Kräfte zu einer Resultierenden zusammensetzen als auch Kräfte in Komponenten (willkürlich gewählter Richtungen) zerlegen.

Die Kräfte dürfen entlang ihren Wirkungslinien verschoben werden!

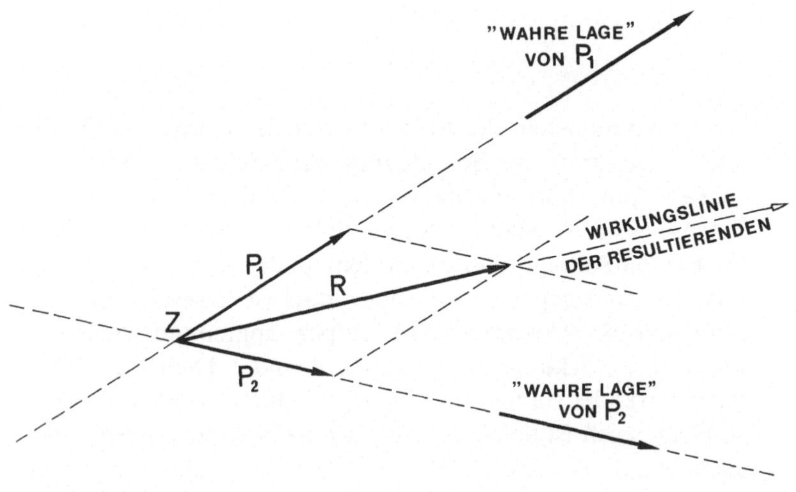

KRÄFTEPARALLELOGRAMM

R IST DIE <u>VEKTORIELLE SUMME</u> VON P_1 UND P_2 : $\vec{R}=\vec{P_1}+\vec{P_2}$

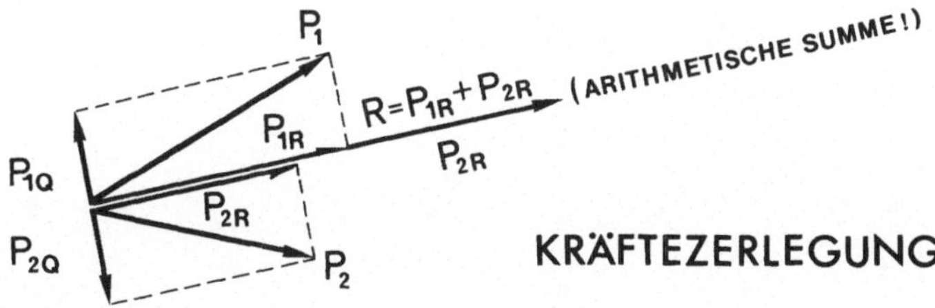

KRÄFTEZERLEGUNG

Die Querkomponenten P_{1Q} und P_{2Q} heben sich gegenseitig auf, die Komponenten P_{1R} und P_{2R} summieren sich zur Resultierenden R.

Im Gravitationsfeld der Erde erfährt jeder Körper durch die Anziehungskraft eine Beschleunigung: er fällt zu Boden. Diese Bewegung hört erst dann auf, wenn sich dem fallenden Körper ein Widerstand entgegenstellt.

Bei der Auflage auf dem Boden übt der Körper eine Kraft aus, die der Körpermasse proportional ist *(Gewicht)* und die man sich im *Schwerpunkt* des Körpers angreifend vorstellen kann. Ihre Wirkungslinie ist das *Schwerelot*. Dem Körpergewicht wirkt der Bodendruck entgegen *(Auflagerreaktion)*. Diese Gegenkraft ist genau so groß wie das Körpergewicht, und sie liegt auf der selben Wirkungslinie, ist aber entgegengesetzt gerichtet.

Deshalb befindet sich der Körper in Ruhe, er ist im statischen Gleichgewicht.

Zum statischen Gleichgewicht gehört demnach ein Kräftepaar: Kraft und Gegenkraft.

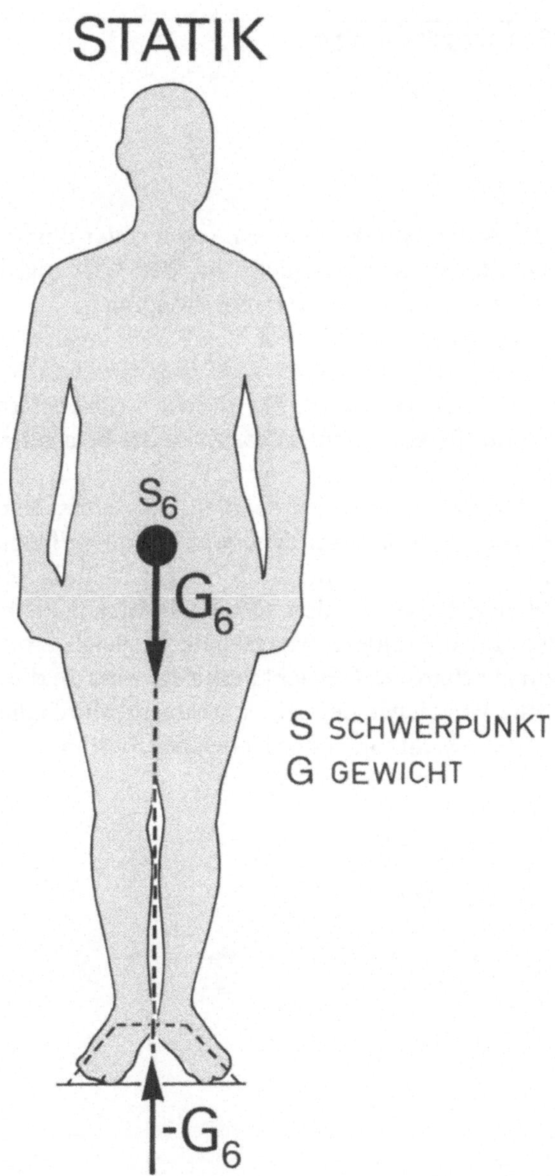

STATIK
S_6
G_6
$-G_6$
S SCHWERPUNKT
G GEWICHT

Wenn der Auflagepunkt eines schweren (oder durch ein Gewicht belasteten) Körpers nicht auf der Wirkungslinie der Last liegt, kommt es zu einer Drehbewegung.

Dies kann am Beispiel einer Waage demonstriert werden: der Auflagepunkt befindet sich in C, die (vertikale) Wirkungslinie des Gewichts G ist um die Strecke h („Hebelarm") von ihm entfernt. Es kommt zum Absinken der belasteten Waagschale.

Die Drehwirkung einer solchen „exzentrischen" Belastung wird in der Form des *Drehmoments* quantifiziert.

Ein Drehmoment kann durch ein gegensinnig wirkendes Moment aufgehoben werden. Der Waagebalken bleibt in Ruhe, wenn auf die andere Waagschale in gleich großem Abstand ein gleichgroßes Gewicht aufgelegt wird. In diesem Fall werden die Vorzeichen der beiden Momente durch die (entgegengesetzten) Richtungen der Hebelarme bestimmt.

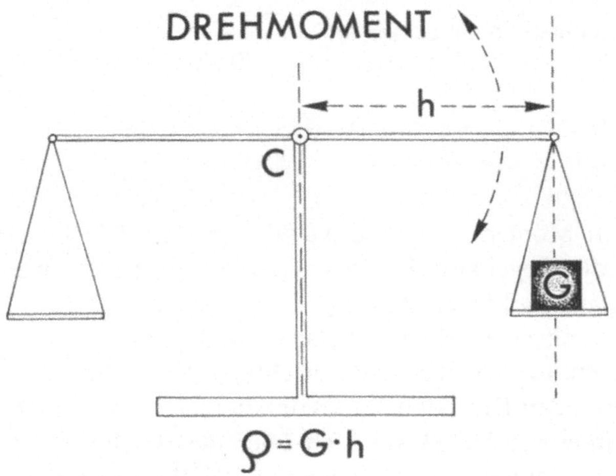

Der (virtuelle) Hebelarm (h) ist das vom Drehpunkt (C) auf die Wirkungslinie der Kraft (G = Gewicht) gefällte Lot.

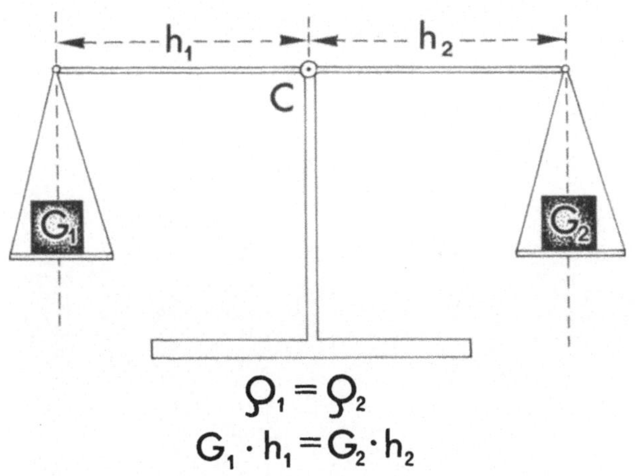

MOMENTENGLEICHGEWICHT

Da ein Moment das Produkt aus Kraft und Hebelarm ist, muß die Gegenkraft K größer sein als die Last L, wenn ihr Hebelarm h_K kürzer ist als h_L.

Die physikalischen Hebelarme sind gedachte Linien, deren Richtung jeweils von der Richtung der Wirkungslinie der betreffenden Kraft abhängt (nämlich rechtwinklig zu ihr).

Materielle Hebel, die sich über den Drehpunkt hinaus nicht geradlinig fortsetzen, werden als *Winkelhebel* bezeichnet. Die meisten Hebelkonstruktionen des Bewegungsapparats sind derartige Winkelhebel; so auch am koxalen Femurende: Femurschaft, Schenkelhals und Trochanter major bilden ein solches System.

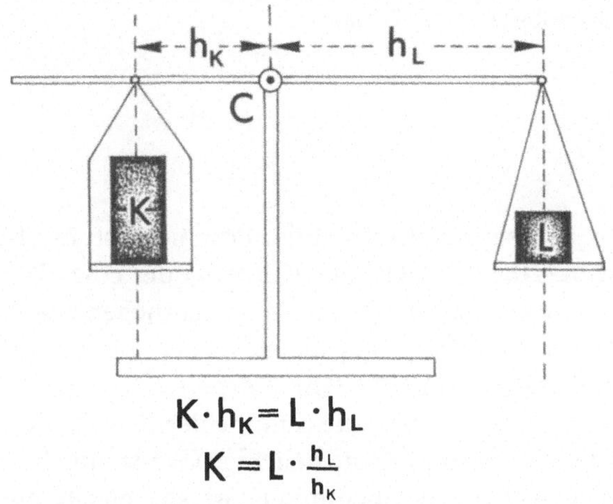

$$K \cdot h_K = L \cdot h_L$$
$$K = L \cdot \frac{h_L}{h_K}$$

Bei bekannten Hebelarmverhältnissen läßt sich die Kraft K bestimmen, die eine Last L im Gleichgewicht hält.

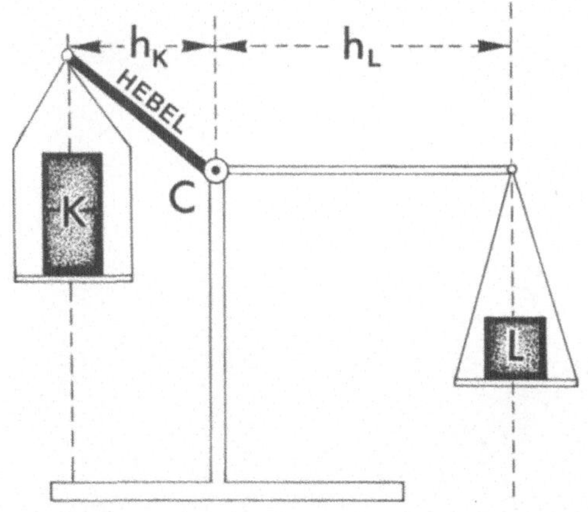

Der physikalische (virtuelle) Hebelarm muß mit dem substantiellen Hebel nicht unbedingt übereinstimmen!

Im Bewegungsapparat erfolgt die Primärbelastung (L) in der Regel durch das Gewicht des Körpers oder eines Körperabschnitts. Die Gegenkraft (M) ist im wesentlichen eine Muskelkraft (aber oft kommen hier die gleichsinnig mit der Muskelkraft drehende Momente von Körperteilgewichten hinzu). Diese Muskelkraft – bzw. die Summe der Kräfte aller angreifenden Muskeln – darf keine beliebige Größe annehmen; wegen der Gleichgewichtsbedingung ist sie jeweils auf einen ganz bestimmten Wert festgelegt.

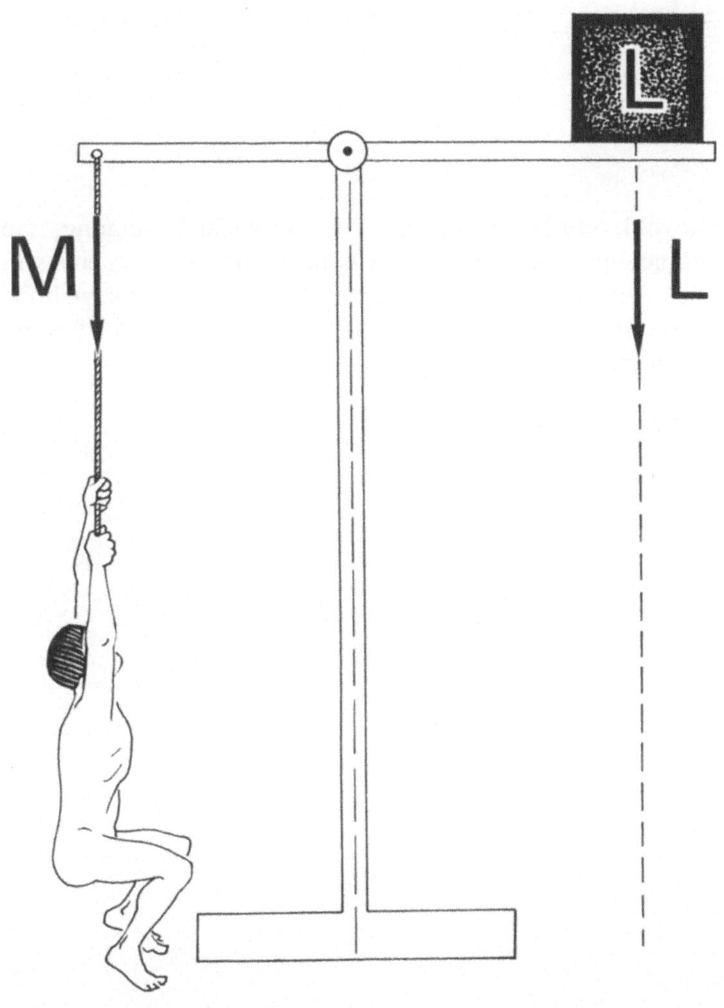

Eine Gegenkraft zur Last L kann auch eine Zugkraft
(Muskelkraft M) sein.

Obwohl, entsprechend der Gleichgewichtsbedingung, die Momentensumme am Gelenk Null ist, tritt hier stets eine von Null verschiedene Belastung auf. Sie kann sogar sehr hohe Werte annehmen, wenn der Hebelarm der Gegenkraft K im Verhältnis zum Lastarm kurz ist.

Gelenkbelastung

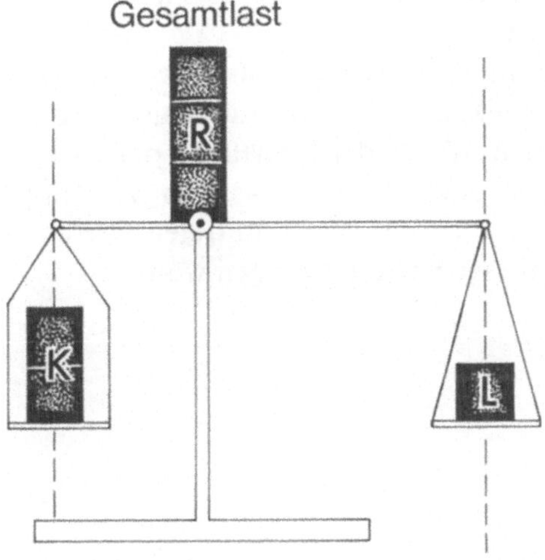

Nur wenn die Wirkungslinien von Kraft K und Last L parallel verlaufen, ist die Gesamtbelastung des Gelenks gleich der (arithmetischen) Summe von Kraft und Last:

$$R = K + L.$$

Letztendlich wird die *Gelenkbelastung* durch eine einzige Kraft, nämlich die *Gelenksresultierende* R repräsentiert, die als vektorielle Summe *aller* am Gelenk angreifenden Kräfte anzusehen ist.

Definitionsgemäß ist das Moment von R am Gelenk Null.

Die Gegenkraft (M) kann durchaus auch eine Zugverspannung sein. Wegen der Einhaltung der Gleichgewichtsbedingung muß auch in einer passiven Verspannung (Sehne oder Band) die gleiche Kraft auftreten, die ein kontraktiler Muskel an dieser Stelle aufbringen würde.

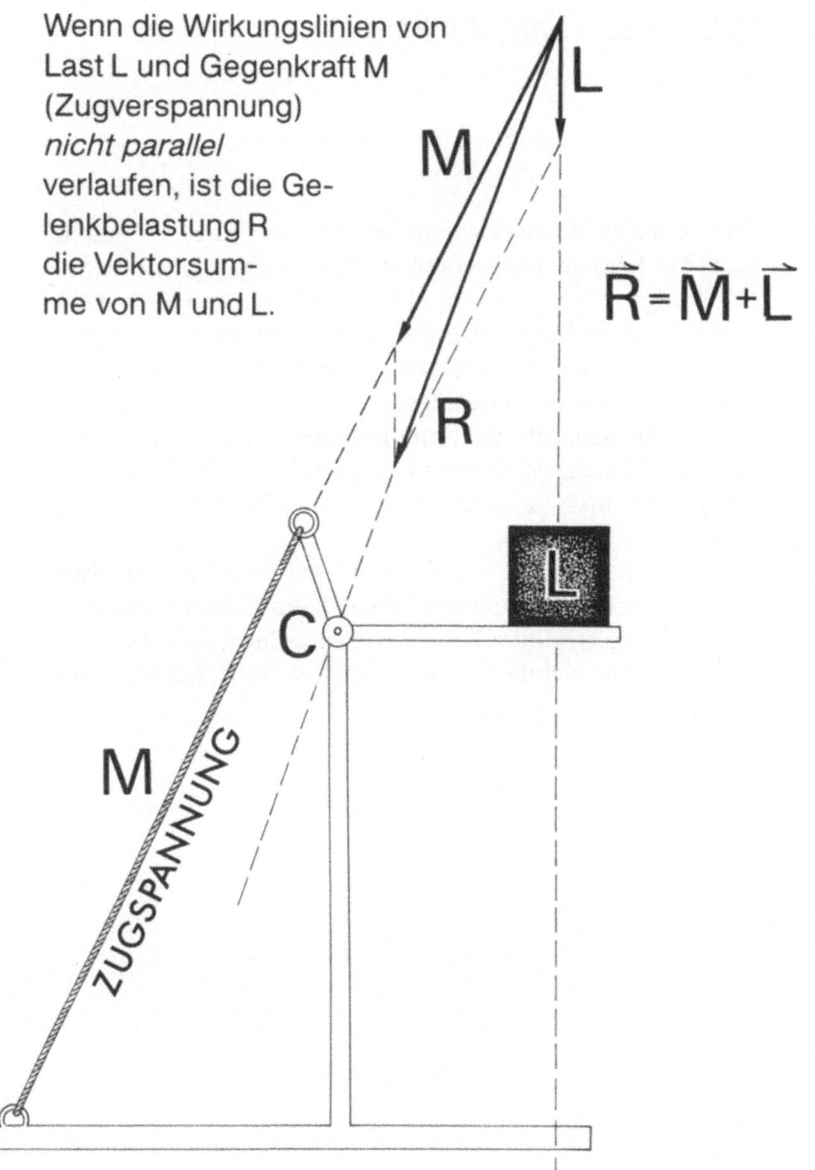

Wenn die Wirkungslinien von
Last L und Gegenkraft M
(Zugverspannung)
nicht parallel
verlaufen, ist die Ge-
lenkbelastung R
die Vektorsum-
me von M und L.

$\vec{R} = \vec{M} + \vec{L}$

M
L
R
C
L
M
ZUGSPANNUNG

Statik des Hüftgelenks

42

Die statische Beanspruchung ist bei einbeiniger Unterstützung des Körpers am größten, deshalb soll den folgenden Betrachtungen der Einbeinstand bzw. die Beanspruchung des jeweiligen „Standbeins" beim Gehen zugrundegelegt werden.

Soweit es sich um das Gehen handelt, werde eine relativ langsame Fortbewegung angenommen, so daß keine erheblichen Trägheitskräfte ins Spiel kommen. In diesem Fall verlangt die Gleichgewichtsbedingung, daß sich der Gesamtkörperschwerpunkt S_6 genau über dem Unterstützungspunkt befindet.

Am Hüftgelenk ist die Körpermasse abzüglich der Masse des Standbeins im Gleichgewicht zu halten. Diese Masse (G_5) kann im Schwerpunkt S_5 konzentriert gedacht werden.

Ganz offensichtlich braucht das Lot aus S_5 keineswegs in die Stützfläche zu fallen!

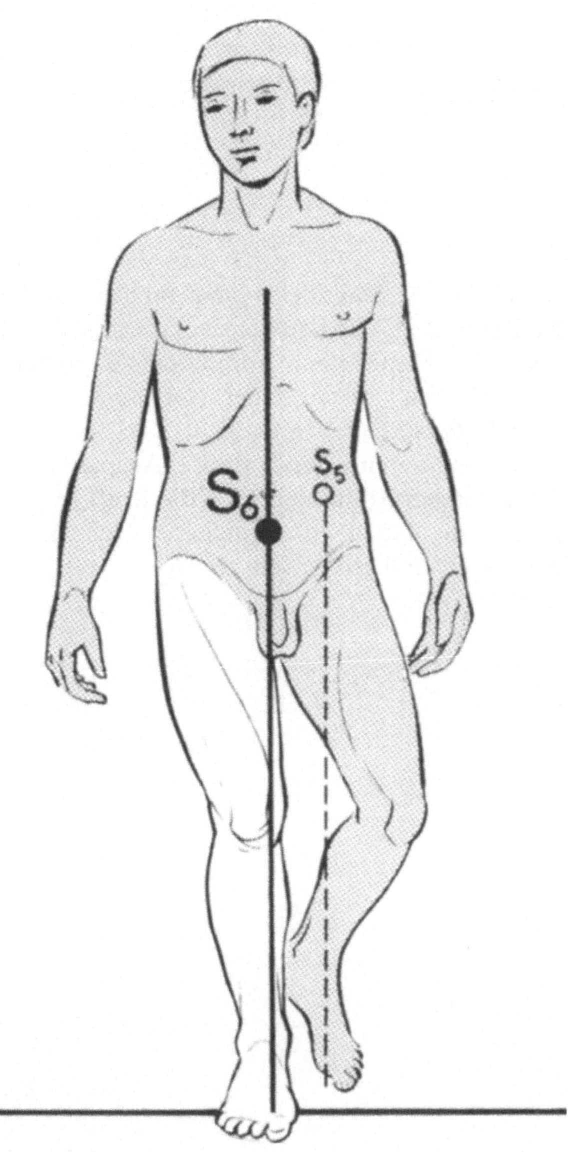

Der Schwerpunkt S_6 des gesamten Körpers muß stets senkrecht über der Unterstützungsfläche liegen.

Am Hüftgelenk des Standbeins ist demnach das Drehmoment der Teilmasse G_5 zu kompensieren. Da dieses Moment das Becken im Sinne einer Adduktion zu kippen sucht, kommt für die Entwicklung einer *Gegenkraft* die Muskelgruppe der *Hüftabduktoren* in Frage.

M sei die resultierende Kraft aus der Anspannung aller in dieser Phase tätigen Abduktoren. Da die Kraft M gegenüber dem Gewicht G_5 den deutlich kleineren Hebelarm besitzt, muß sie entsprechend größer sein als G_5.

Momentengleichgewicht

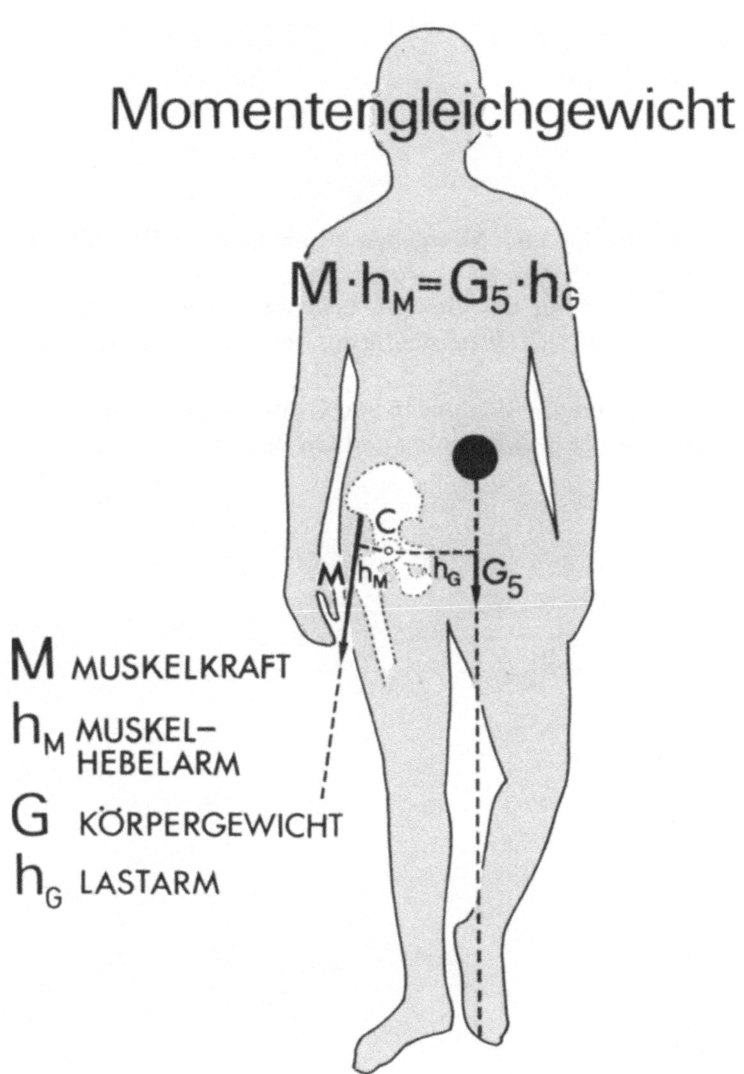

Die Kräfte G_5 und M ergeben zusammen die Resultierende R.

Dabei ist nur das Gewicht G_5 vorgegeben, die Muskelkraft M ergibt sich zwangsläufig aus den Hebelarmverhältnissen.

Nur wenn die Richtungen und Größen von G_5 und M bekannt sind, ist R in Richtung und Größe festgelegt.

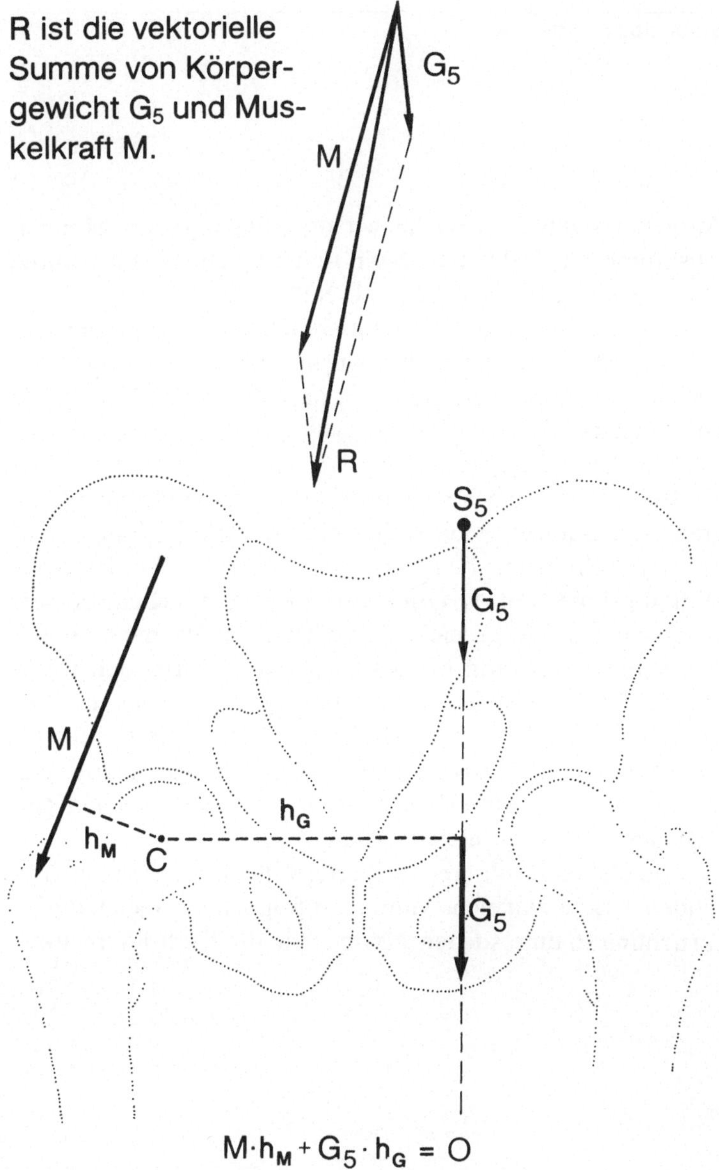

R ist die vektorielle
Summe von Körper-
gewicht G_5 und Mus-
kelkraft M.
G_5
M
R
S_5
G_5
M
h_G
h_M
C
G_5
$M \cdot h_M + G_5 \cdot h_G = O$

Ausgehend von der Gleichgewichtsbedingung („die Momentensumme am Gelenk ist Null") ergibt sich die Forderung: „Das Moment von R muß Null sein".

Das bedeutet, daß die Resultierende am Gelenk einen Hebelarm mit der Länge Null besitzen muß, mit anderen Worten, ihre Wirkungslinie verläuft genau durch den Drehpunkt des Gelenks.

Dies kann man, auch ohne Kenntnis der Hebelarme der Kräfte, zur graphischen Konstruktion des Kräfteparallelogramms ausnutzen. Man verlängert die Wirkungslinie von M bis zum Schnitt mit dem Schwerelot aus G_5. Nun kann die Wirkungslinie von R (zunächst noch ohne Kenntnis der Kraftgröße von R) gezeichnet werden; sie muß sowohl durch den Schnittpunkt von M und G_5 als auch durch den Drehpunkt C des Hüftgelenks verlaufen. Eine Parallele zur Wirkungslinie von M durch den Endpunkt des Kraftpfeils G_5 begrenzt auf der zuvor gezeichneten Wirkungslinie den Vektor R. Die entsprechende Strecke dieser Parallelen gibt zugleich die Kraftgröße von M an.

Die Gelenkresultierende R ersetzt alle am Gelenk angreifenden Kräfte zugleich. Man kann folglich die Gelenkbeanspruchung so untersuchen, als ob allein die Kraft R einwirkte.

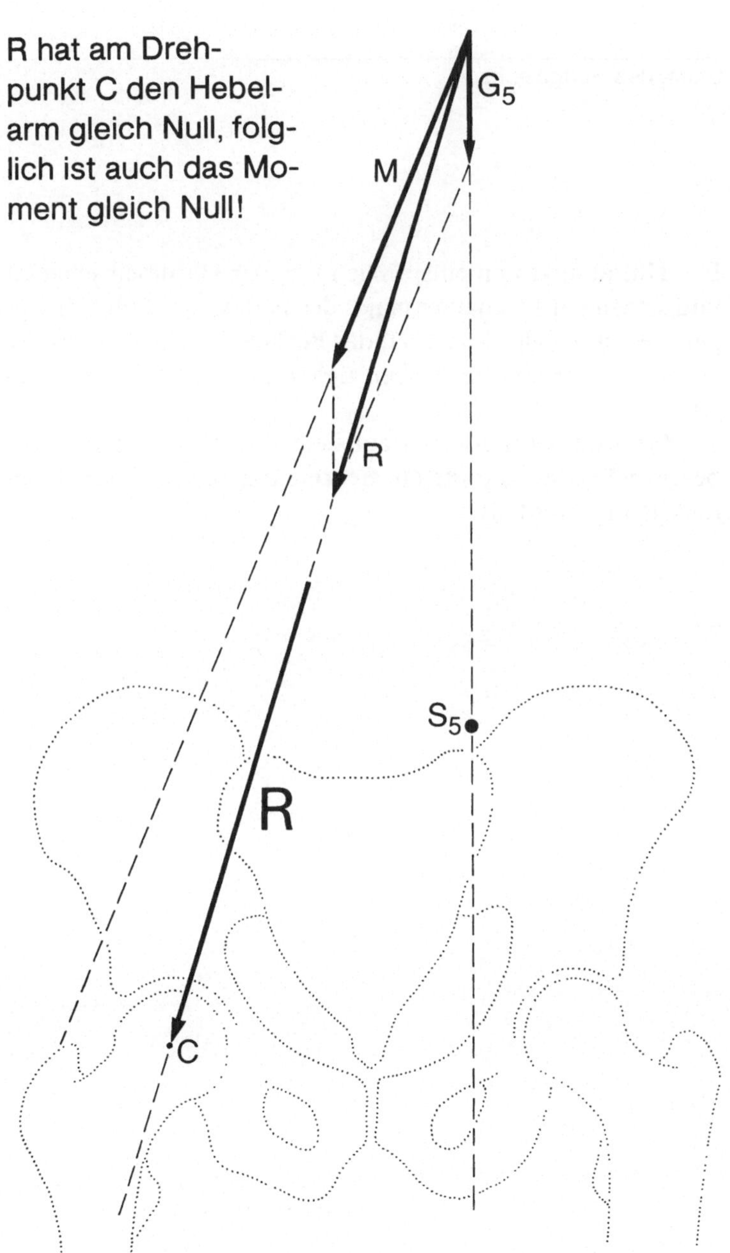

R hat am Dreh-
punkt C den Hebel-
arm gleich Null, folg-
lich ist auch das Mo-
ment gleich Null!
G_5
M
R
R
S_5
C

Die Hüftabduktoren entspringen von der Darmbeinschaufel und setzen am Trochanter major des Femurs an. Folglich kippen sie mit der gleichen Kraft das Becken nach lateral, mit der sie den Trochanter nach oben ziehen und das Bein abduzieren.

Zur Kompensation des auf dem Becken lastenden Körpergewichts darf nur die am Becken angreifende Kraft P berücksichtigt werden!

ACTIO = REACTIO

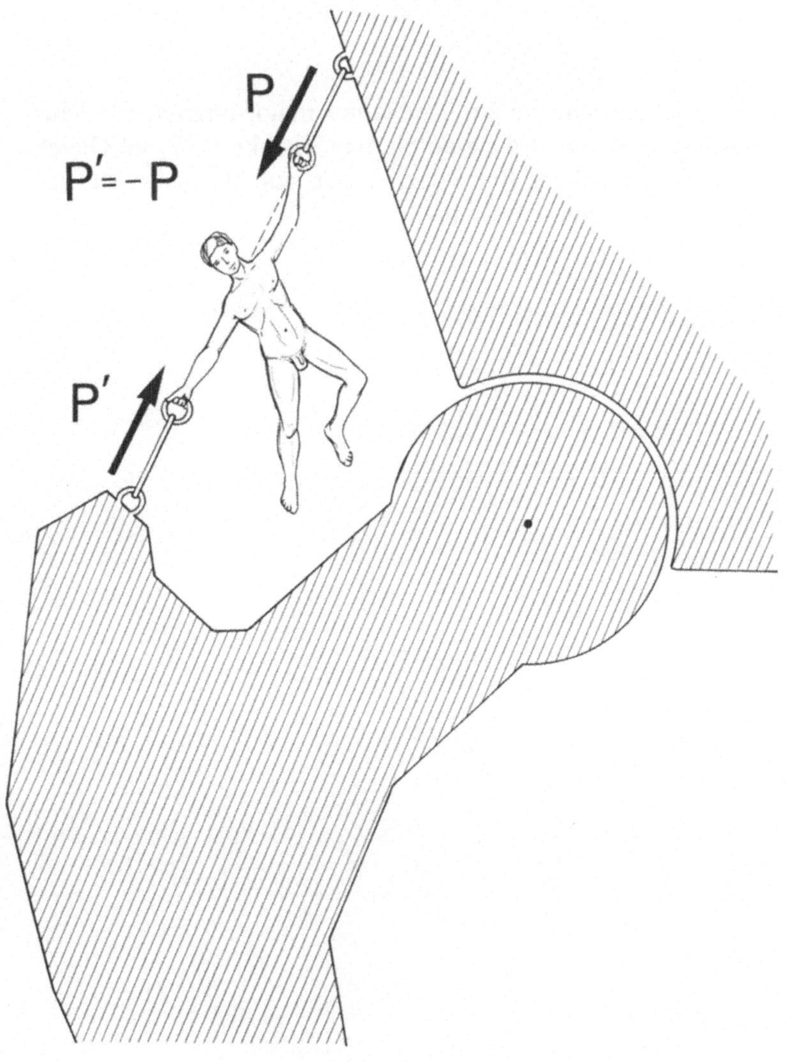

52

Betrachtet man die am Trochanter major angreifende Muskelkraft M', so wird sie durch die Gegenkraft G'_5 im Gleichgewicht gehalten. Beide lassen sich zur „Gegenresultierenden" R' zusammensetzen.

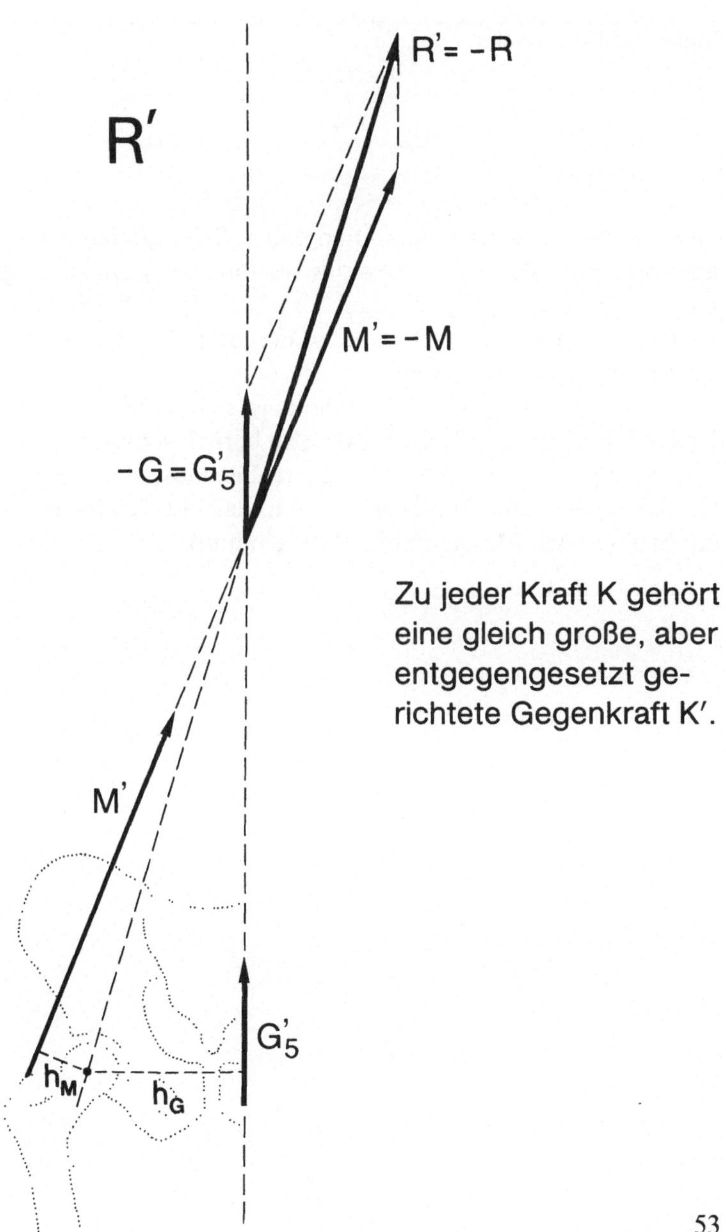

Zu jeder Kraft K gehört eine gleich große, aber entgegengesetzt gerichtete Gegenkraft K'.

54

Um die mechanische Situation an einem Strukturelement zu analysieren, stelle man sich vor, es sei von seiner Umgebung völlig isoliert, „herausgeschnitten". Es befindet sich nur dann im Ruhezustand, wenn sich alle an ihm angreifenden Kräfte gegenseitig genau aufheben.

Nach dem Prinzip Actio = Reactio ist dabei für jede Kraft auch die entsprechende Gegenkraft zu berücksichtigen.

Die Beobachtung eines statischen Zustands, also absoluter Bewegungsruhe, impliziert an sich, daß die Kraftsumme am betrachteten Massenpunkt Null sein muß.

R und R′ bilden ein Kräftepaar, das sich zu Null addiert.

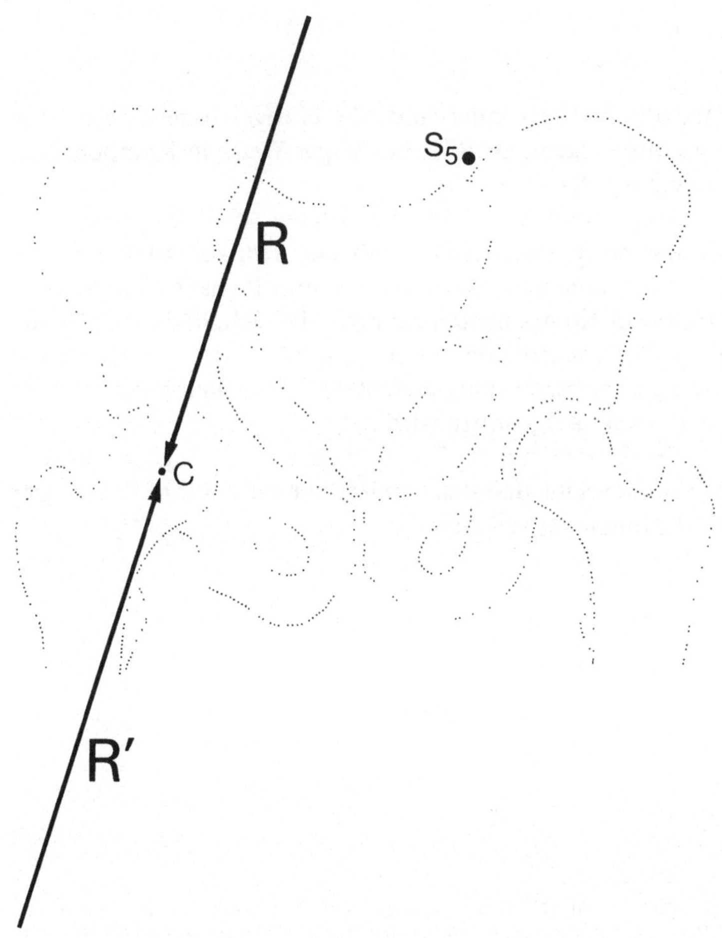

Das Kräftepaar R und R′ bewirkt eine *Druckbean-spruchung.*

Wie alle Kräfte können auch die Hüftgelenkresultierende R und ihre Gegenkraft R′ in beliebiger Weise in Komponenten zerlegt werden.

Aus Gründen der Anschaulichkeit wird gelegentlich die Zerlegung in eine Vertikal- (V) und Horizontalkomponente (H) vorgenommen. Wenn man R und R′ nach den gleichen Regeln in Komponenten zerlegt, zeigt sich, daß die Wirkung jeder Komponente der einen Kraft durch eine entsprechend große, aber gegensinnig gerichtete Komponente der anderen Kraft exakt aufgehoben wird[1].

Das ist eine triviale Feststellung, die sich logisch aus dem Umstand ergibt, daß sich bereits die Kräfte R und R′ vor ihrer Zerlegung kompensierten.

---

[1] Bombelli et al. (1984) benutzen zunächst ebenfalls diese im Prinzip auf Pauwels (1973) zurückgehende Darstellung. Indem sie aber anschließend R ungerechtfertigt nach anderen Gesichtspunkten zerlegen, kommen sie irrtümlich zu einem Ungleichgewicht der Horizontalkomponenten und meinen, daß hierdurch der Schenkelkopf aus der Pfanne gedrückt wurde. Das widerspricht jedoch elementaren Gesetzen der Statik.

Auch die Vertikal- und Horizontalkomponenten von
R und R′ heben sich jeweils gegenseitig genau auf.

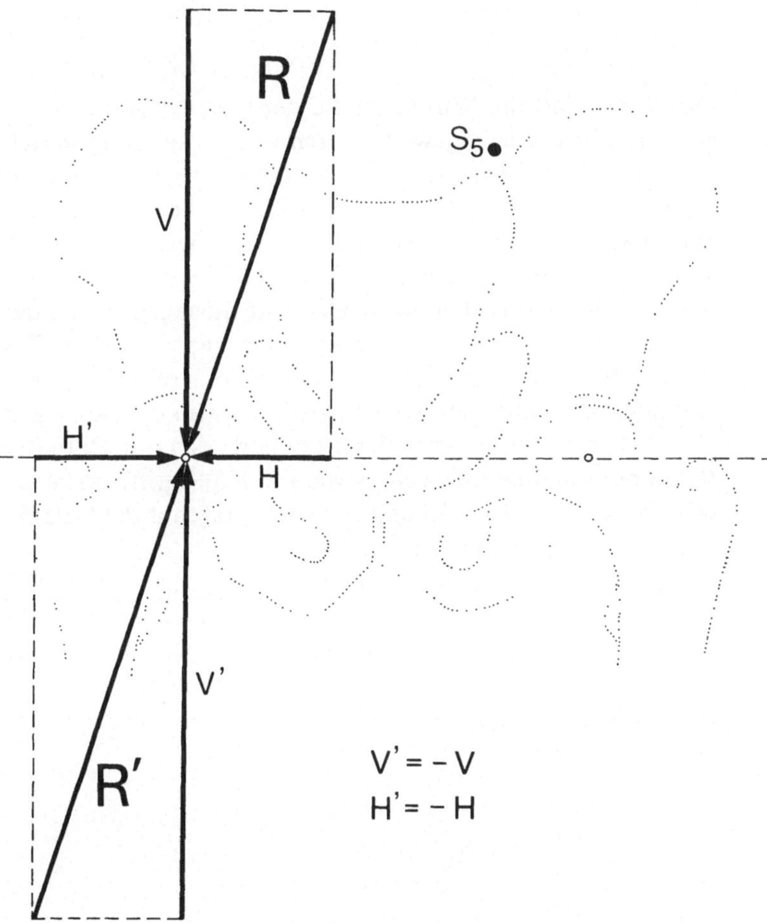

Gleichgewicht bedeutet: Die Momentensumme ist
gleich Null, die Kräftesumme ist gleich Null.

Die Regel, daß die Wirkungslinie der Gelenkresultierenden bei statischem Gleichgewicht durch den Krümmungsmittelpunkt des Gelenks verlaufen müsse, gilt strenggenommen nur für Gelenke mit kreisförmiger Oberflächenkrümmung. Das entscheidende Kriterium ist, daß die Resultierende aller angreifenden Kräfte auf der Gelenkoberfläche senkrecht stehen muß, wenn die artikulierenden Elemente nicht gegeneinander rotieren sollen. Aus leicht einsehbarem geometrischen Zusammenhang schneidet jede durch einen Kreismittelpunkt verlaufende Gerade den Kreisbogen rechtwinklig. Deswegen ist die Konstruktion der Gelenkresultierenden mit Hilfe des Krümmungsmittelpunkts ein bewährter Kunstgriff, um zu gewährleisten, daß die Wirkungslinie der Kraft auf die Gelenkoberfläche senkrecht auftrifft.

In diesem Zusammenhang sei angemerkt, daß dieses Konstruktionsverfahren der Gelenkresultierenden nicht mehr zulässig ist, wenn die Gelenkkontur von der Kreiskrümmung merklich abweicht. Das muß bei Deformationen des Hüftgelenks, wie sie z. B. im Verlauf einer Koxarthrose auftreten, unbedingt beachtet werden!

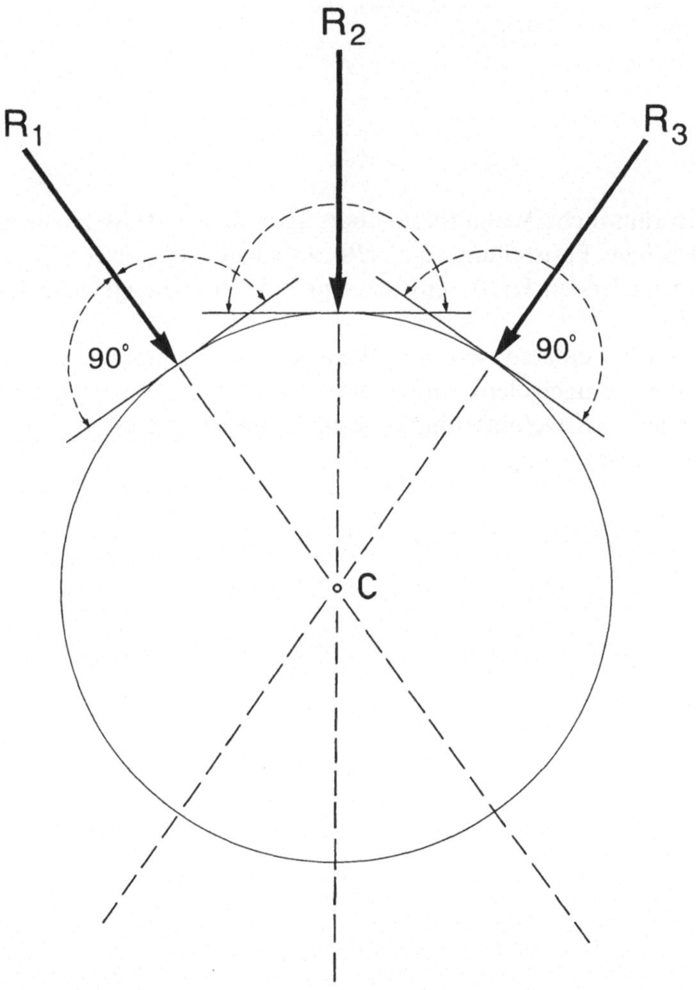

Jeder durch den Mittelpunkt C eines Kreises verlaufende Strahl (R_1–R_3) schneidet seine Peripherie
(die Tangente) unter einem rechten Winkel.

59

In räumliche Verhältnisse übertragen bedeutet die zuvor getroffene Feststellung, daß alle durch den Kugelmittelpunkt verlaufenden Kräfte ein Kugelgelenk im Gleichgewicht halten.

Mit anderen Worten: Wenn die Resultierende aller an einem Kugelgelenk angreifenden Kräfte durch den geometrischen Kugelmittelpunkt verläuft, findet in diesem Gelenk keine Bewegung statt.

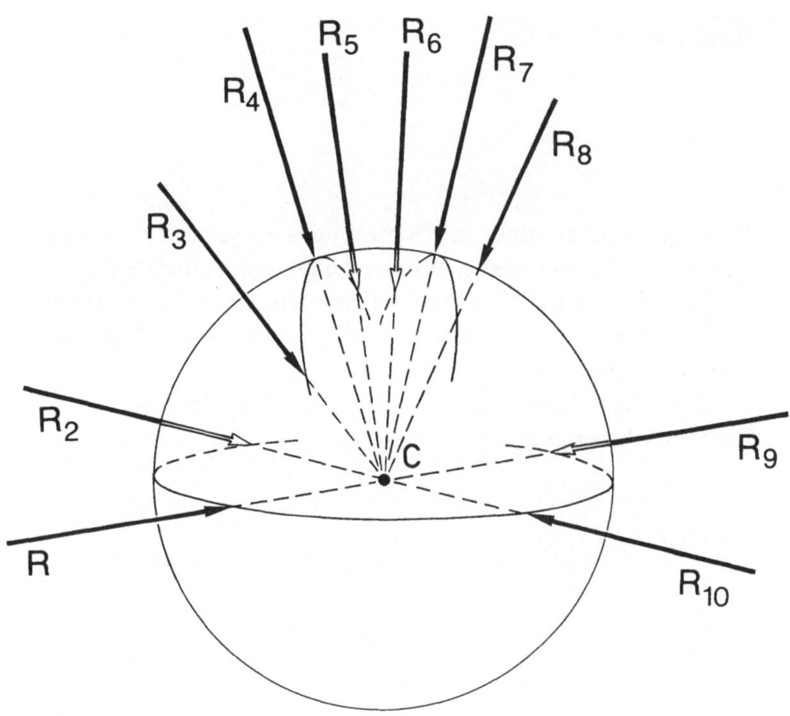

Jeder durch den Mittelpunkt C einer Kugel verlaufende Strahl (R_1 bis R_{10}) schneidet die Kugeloberfläche (die Tangentialebene) unter einem rechten Winkel.

Im Gegensatz zu einer in Richtung des Kugelradius wirkenden Kraft, die im Gelenk Druck erzeugt, ohne eine Bewegung zu bewirken, wird sich eine an der Kugeloberfläche rechtwinklig zum Radius angreifende Kraft ausschließlich im Sinne einer Rotation auswirken.

Zwischen diesen beiden extremen Möglichkeiten gibt es fließende Übergänge.

Eine Normalkraft P_N steht auf der Oberfläche, an der sie angreift, senkrecht. Eine Tangentialkraft P_T ist parallel zur Oberfläche gerichtet.

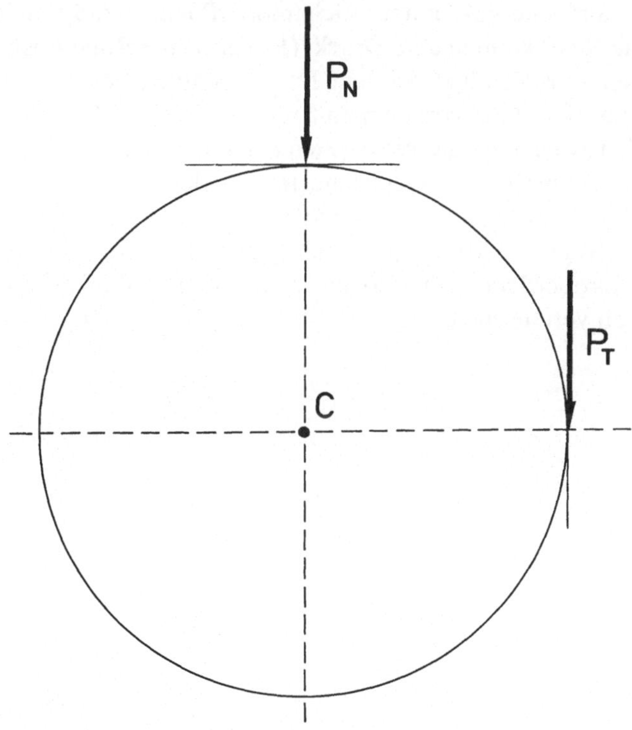

Auf einer Kugeloberfläche wird die Richtung einer Kraft in bezug auf eine am Auftreffpunkt die Kugel tangierende Ebene definiert.

Eine auf eine gekrümmte Gelenkoberfläche schräg auftreffende Kraft kann in eine Druck- (P_N) und eine Rotationskomponente (P_T) zerlegt werden. Das Verhältnis beider Anteile zueinander hängt von dem Auftreffwinkel ab. Dieser Winkel α wird zweckmäßigerweise gegen einen am Auftreffpunkt der Kraft P durch das Gelenkzentrum C gelegten Strahl gemessen.

Erfolgt die Messung jedoch gegen die Tangente an die Gelenkoberfläche, so sind die angegebenen Winkelfunktionen zu vertauschen.

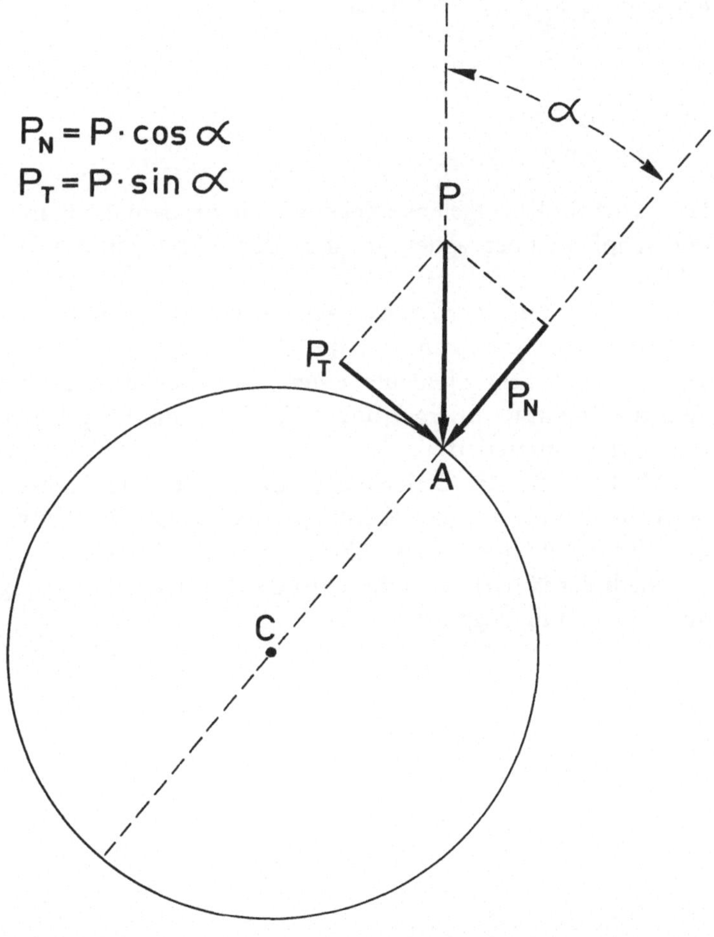

Jede schräg auftreffende Kraft P kann in eine Normalkomponente P_N und eine Tangentialkomponente P_T zerlegt werden. Per definitionem stehen P_N und P_T rechtwinklig aufeinander.

Hier wird ein Kugelgelenk angenommen, bei dem die Pfanne den Kopf bis über seinen größten Querschnitt hinweg umschließt.

Zur Ermittlung der Beanspruchungsverteilung an der Gelenkoberfläche wird zunächst die Gelenkresultierende R in Teilkräfte p_i zerlegt; i bedeutet einen ganzzahligen Index, mit dem die Teilkräfte in einer durch Vereinbarung festgelegten Reihenfolge numeriert werden.

Als Basis für die Zerlegung ist der größte Durchmesser des Gelenkkörpers in der Richtung senkrecht zur Wirkungslinie der Resultierenden zu wählen.

Nach der Navier-Hypothese[1] ist das Profil der Verteilung der p_i geradlinig begrenzt.

---

[1] Navier-Hypothese: Da keine bestimmte mathematische Funktion für die Größenänderung der p_i theoretisch begründet werden kann, wird der einfachste denkbare Zusammenhang, nämlich lineare Abhängigkeit der p_i-Größen von der Länge der betrachteten Strecke angenommen, und zwar in Analogie zur Spannungsverteilung über den Querschnitt eines Biegebalkens (Schreyer 1957).

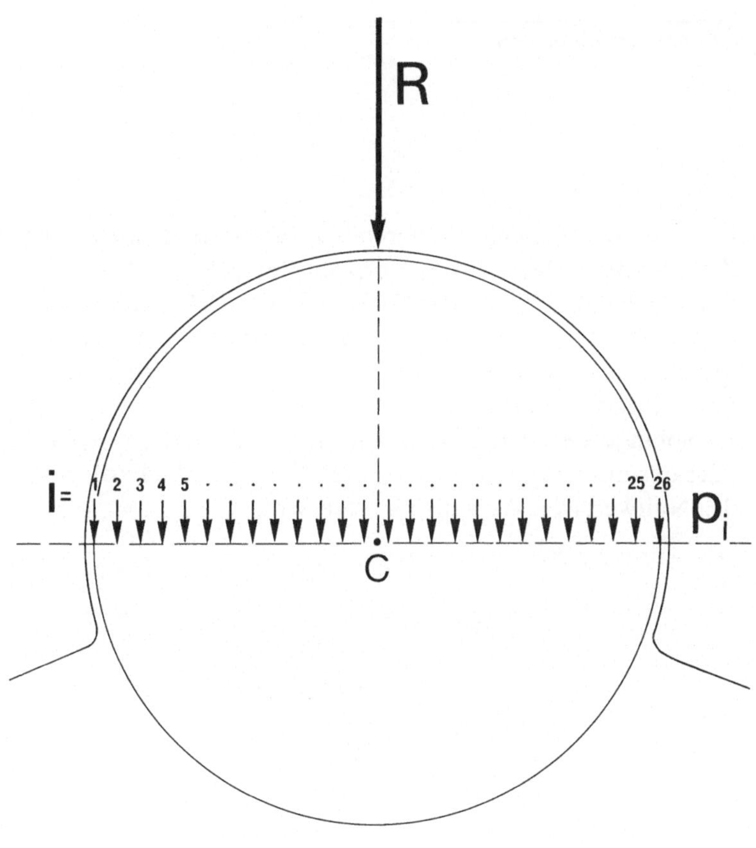

Die Gelenkresultierende R kann, über den größten Querschnitt verteilt, in die Teilkräfte p_i zerlegt werden. Wenn die Wirkungslinie von R das Zentrum der Querschnittsfläche trifft, sind alle p_i gleich groß.

Das mit der Gelenkresultierenden verbundene sphärische Koordinatensystem werde „Horizont-Zenit-System" genannt. Die Zenitachse fällt mit der Wirkungslinie der Resultierenden zusammen. Den Breitenkreisen im terrestrischen System entsprechen hier die Höhenkreise, die Meridiane werden durch Azimutkreise ersetzt.

Solange der Pfannenrand in Höhe des Horizontkreises oder darunter liegt (wie in diesem Beispiel), ist die Festlegung des Nullwerts des Azimuts uninteressant.

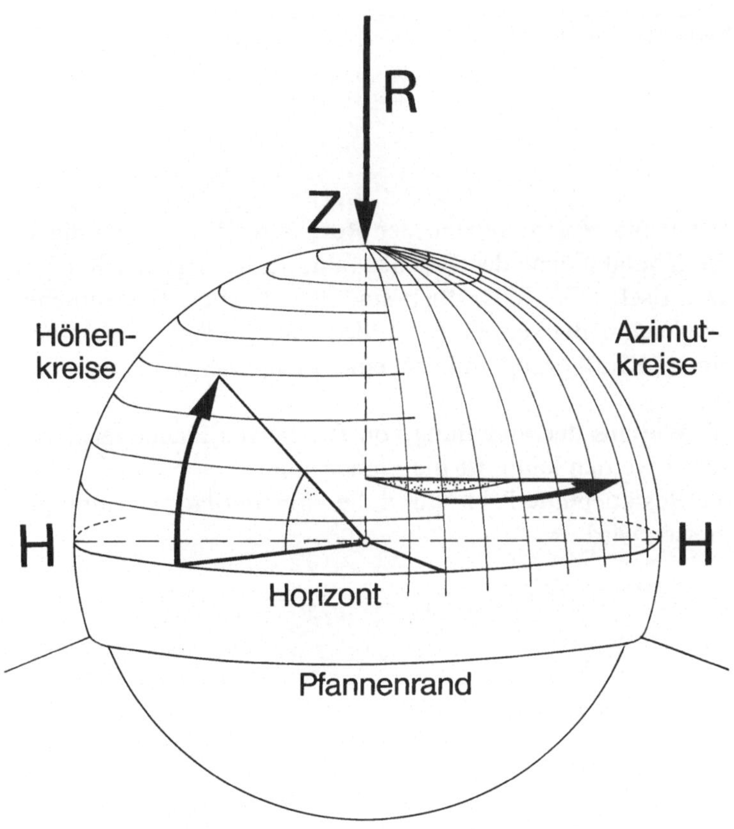

Das Horizont-Zenit-System ist mit der Gelenkresultierenden R fest verbunden und wandert deshalb bei Gelenkbewegungen sowohl über den Femurkopf als auch über die Pfanne.

Wenn die Horizontebene der Resultierenden vollständig in die Kontaktfläche des Gelenks fällt, ist die Lage der Kraft R „zentrisch". Die Teilkräfte p_i sind dann über die Horizontebene gleichmäßig verteilt. Sie bilden somit in ihrer Gesamtheit einen „Kraftkörper" in Form einer planparallelen Kreisscheibe.

Wie aus der Verteilung von R über die Fläche leicht erkannt werden kann, ist die Dimension der p_i N/mm^2, wenn die Resultierende R in N und die Horizontfläche in mm^2 gemessen wird.

Die Querschnittsfläche in der Horizontebene (Größtkreis der Kugel) hat den Flächenwert:

$$Q = \pi \cdot r^2.$$

Dann gilt (bei *zentrischer Lage* von R):

$$p_i = \frac{R}{Q}.$$

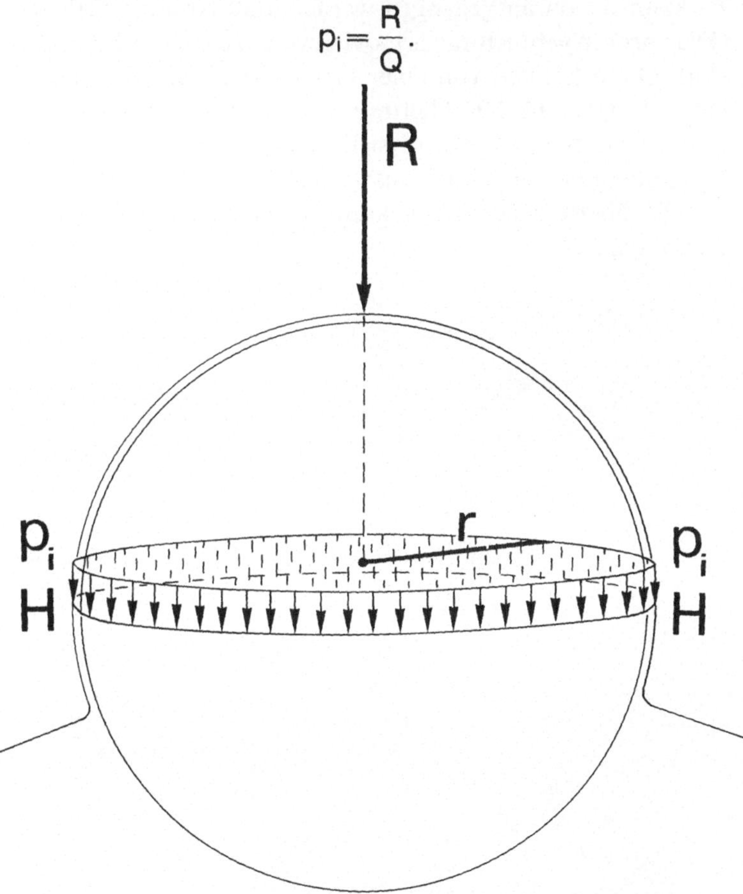

In diesem Fall sind alle Teilkräfte p_i gleich groß!

Es kann davon ausgegangen werden, daß gesunde Gelenke (Diarthrosen = Juncturae synoviales) praktisch reibungsfrei sind. Dann können von einer Gelenkfläche auf die andere keine Tangentialkräfte übertragen werden. Von einer schräg auftreffenden Kraft P wird sich demnach nur die Normalkomponente P_N als Druck auswirken können.

Die übertragenen Druckkräfte machen die *Gelenkbeanspruchung* aus.

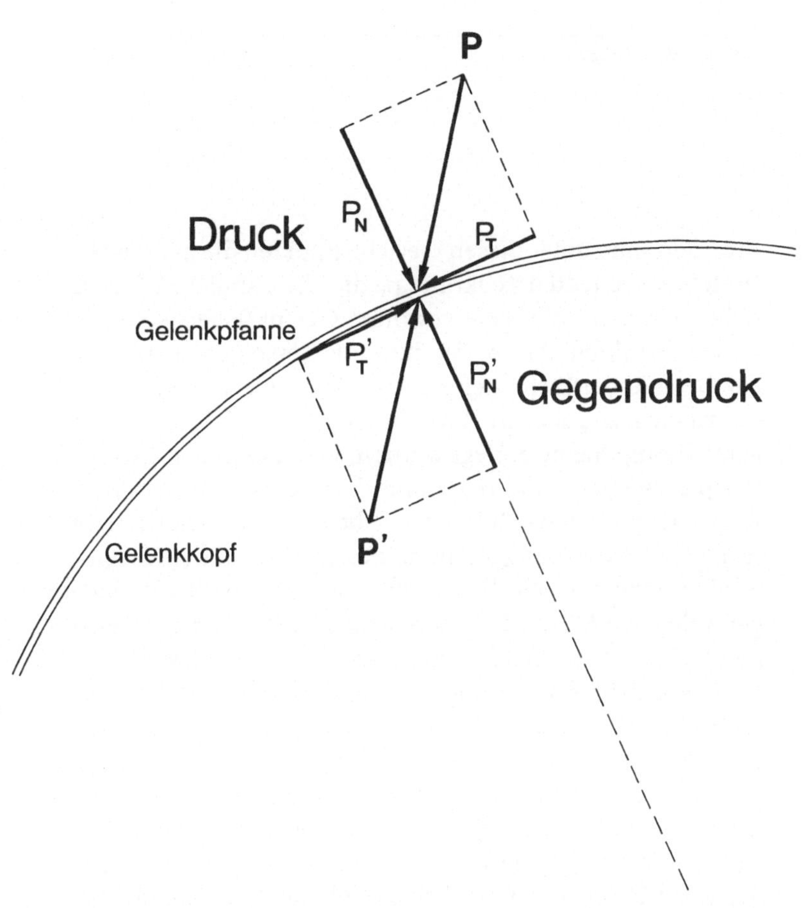

Über einen Gelenkspalt hinweg können ausschließlich Normalkräfte (P_N) übertragen werden („Gelenkdruck"), Tangentialkräfte (P_T) bewirken Drehung oder Verschiebung.

Projiziert man unter diesen Gesichtspunkten die auf die Horizontebene verteilten Teilkräfte p_i, die alle parallel zu R ausgerichtet sind, auf die reale gewölbte Gelenkfläche, so werden sie je nach ihrem Auftreffpunkt unter verschiedenem Winkel zur Gelenkoberfläche stehen. An jeder Stelle können sie nach der zuvor angegebenen Regel in eine Normal- und eine Tangentialkomponente zerlegt werden. Da in dem hier gezeigten Beispiel die Teilkräfte p_i symmetrisch zur Wirkungslinie von R angeordnet sind, läßt sich leicht erkennen, daß zu jeder rechtsdrehenden Tangentialkomponente p_{it} auf der Gegenseite eine ebenso große linksdrehende Tangentialkomponente gefunden wird. Damit heben sich alle Rotationswirkungen paarweise auf; im Gelenk findet keine Bewegung statt.

Diese Schlußfolgerung ist eigentlich trivial, denn es war zuvor bereits festgestellt worden, daß die Resultierende R, weil sie durch das Drehzentrum verläuft und per definitionem auf der Gelenkfläche senkrecht steht, kein Drehmoment besitzt. Folglich kann auch bei korrekter Zerlegung nicht erwartet werden, daß die Teilkräfte p_i, die ja in ihrer Gesamtheit der Kraft R entsprechen, nach irgendeiner Seite ein nichtausgeglichenes Drehmoment aufweisen.

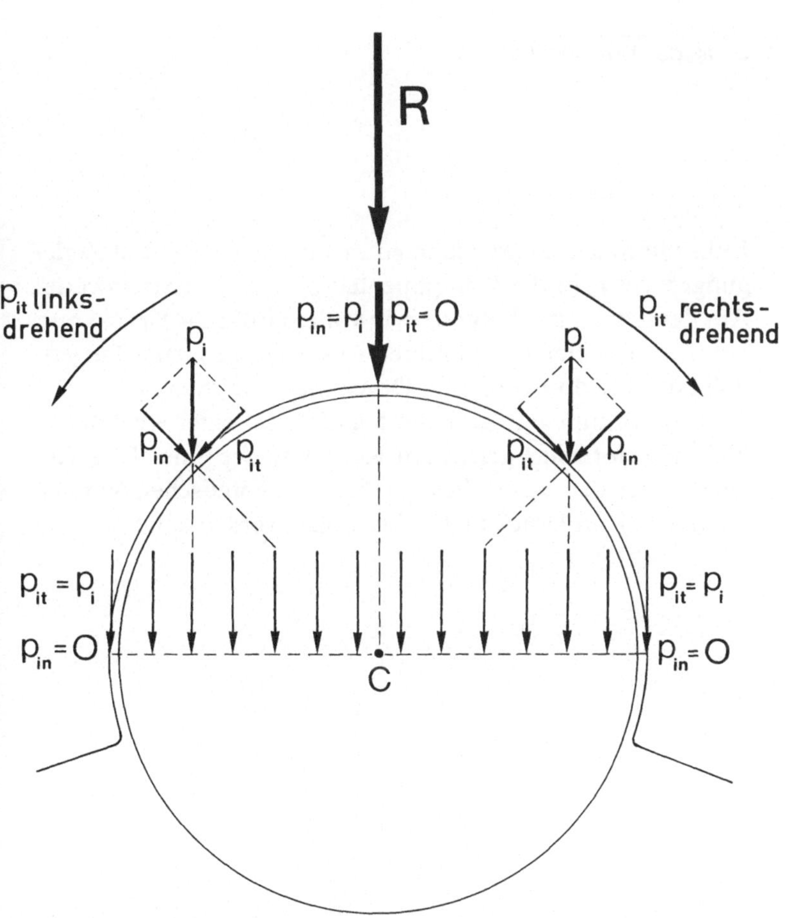

Die zu beiden Seiten von R gegensinnig drehenden Momente der Tangentialkomponenten p_{it} heben sich gegenseitig auf.

In bestimmten ausgezeichneten Positionen zeigen die Zerlegungen der p_i in die Komponenten p_{in} und p_{it} Extremwerte: Am Zenit wirkt die Teilkraft p_i in voller Größe als Druckkraft, auf dem gesamten Horizontkreis ist sie dagegen reine Tangentialkraft, d. h. dort wird kein Druck mehr übertragen.

Daraus muß gefolgert werden, daß auf einer etwa unterhalb des Horizonts gelegenen Kontaktfläche eines Kugelgelenks unter den bisher beschriebenen theoretischen Voraussetzungen kein Druck mehr übertragen werden kann.

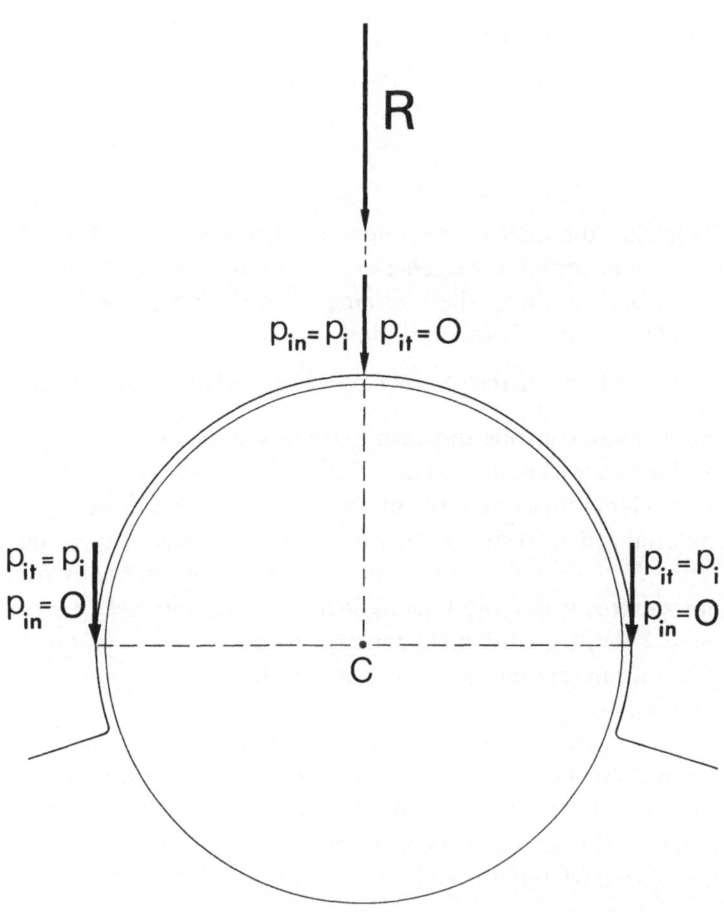

Die Normalkomponente p_{in} hat am Zenit ihr Maximum (gleich p_i) und am Horizont ihr Minimum (Null).

Faßt man die bisher gewonnenen Erkenntnisse für das zentrisch beanspruchte Kugelgelenk zusammen, so zeigt sich eine Druckverteilung, die von einem Maximum am Zenit bis zum Horizont auf Null abnimmt.

Der Maximalwert beträgt $p_i = \dfrac{R}{Q}$ (Q = Kugelquerschnitt), die Abnahme erfolgt mit dem Cosinus des Höhenwinkels.

Den einwirkenden lokalen Teilkräften p_i, die das Material der Gelenkkörper zu deformieren trachten, setzt dieses Baumaterial einen Verformungswiderstand entgegen, der in der Elastizitätslehre als „Spannung" bezeichnet wird. Da es sich um senkrecht auf die Gelenkoberfläche einwirkende („normale") Kräfte handelt, haben wir es mit „Normalspannungen" zu tun, die mit dem griechischen Buchstaben σ bezeichnet werden.

Der Vollständigkeit wegen sei hier darauf aufmerksam gemacht, daß bei den bisherigen Betrachtungen vorausgesetzt wurde, daß es sich um ein ideal kongruentes Kugelgelenk handele, dessen Gelenkkörper aus einem starren, nicht verformbaren Material bestehen.

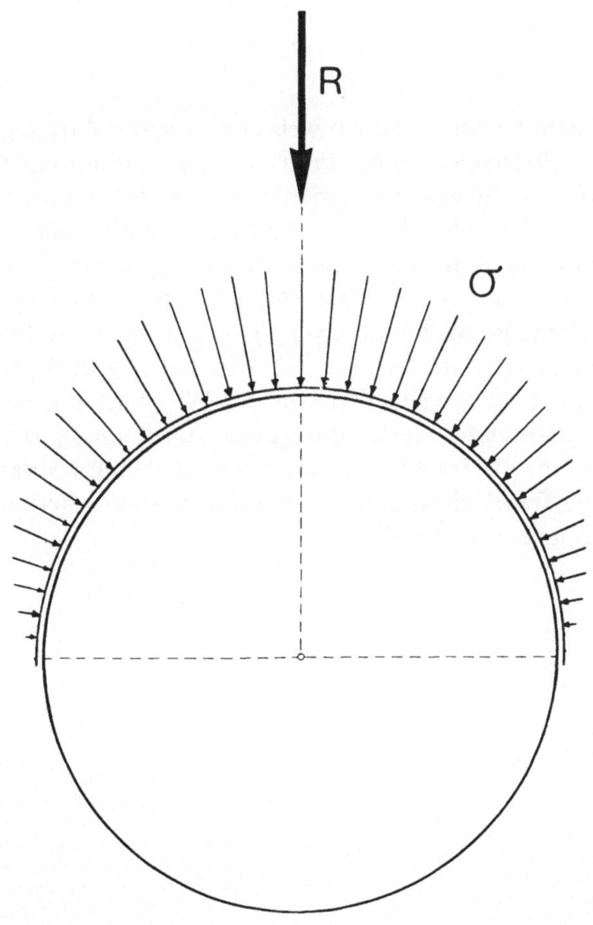

Unterhalb des Horizonts können von einer Gelenkfläche auf die andere keine Normalkräfte übertragen werden.

Nach den Angaben von Pauwels (1973) ist die Wirkungslinie der Resultierenden, in der Projektion auf eine Frontalebene, um etwa 16° gegen die Vertikale geneigt. Infolgedessen besitzt auch der zu R gehörende Horizont eine Neigung von 16° gegen die quere Beckenachse (und damit gegen die Horizontalebene). In der gleichen Projektion ist aber die Pfanneneingangsebene im Mittel um etwa 40° gegen die quere Beckenachse geneigt. Das bedeutet, daß in der zugrundegelegten aufrechten Haltung medial von der Wirkungslinie der Gelenkresultierenden nicht die ganze Ausdehnung der Gelenkpfanne als Tragfläche genutzt werden kann, während lateral die Tragfläche durch den Pfannenrand weit oberhalb des Horizonts begrenzt wird.

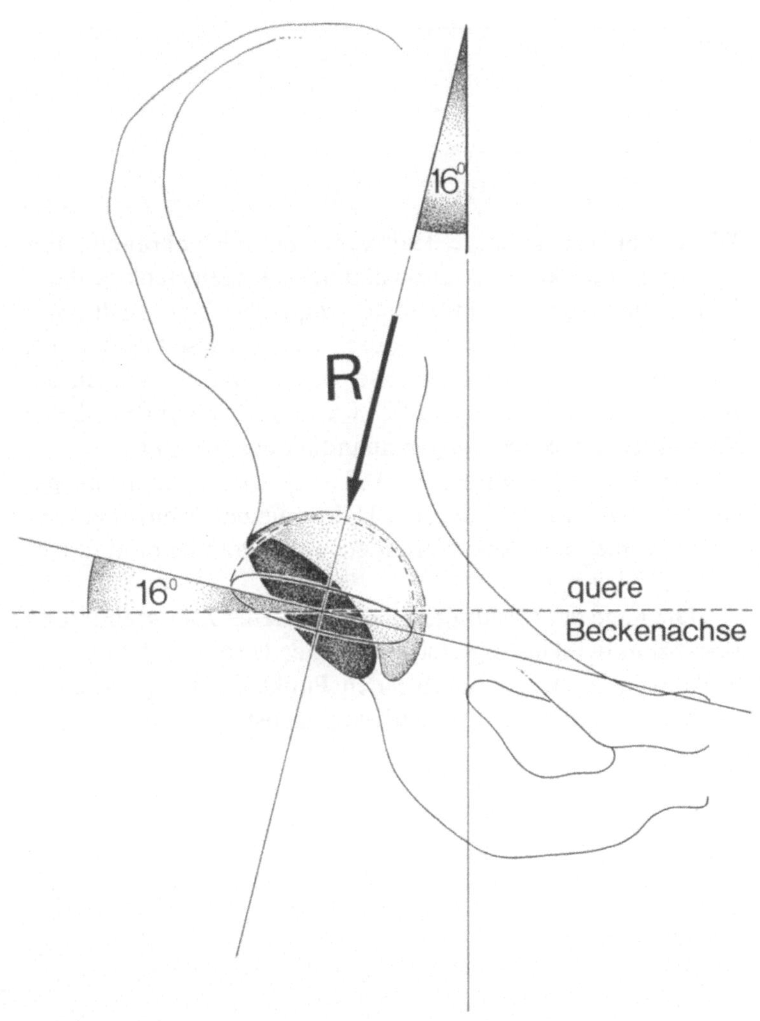

Die Pfanneneingangsebene ist gegen den Horizont etwa um 20° –30° geneigt.

Wenn nun die gesamte Halbkugel der Gelenkpfanne mit Knorpel bedeckt wäre („vollständiges Kugelgelenk"), dann würde die theoretisch maximale Tragfläche die Gestalt eines Kugelzweiecks besitzen, das durch 2 Großkreise begrenzt ist. Die Oberfläche dieses Kugelzweiecks (S_b) läßt sich leicht berechnen, wenn der Kugelradius r und der Neigungswinkel α der beiden Großkreise gegeneinander bekannt sind.

Wie später begründet wird (S. 102), ist nur dann das gesamte Kugelzweieck als Tragfläche nutzbar, wenn der Abstandswinkel der Resultierenden vom Pfannenrand höchstens 25° beträgt.

Die Lage der Resultierenden kann ferner zur Orientierung des Azimutwinkels benutzt werden: er wird von dem Großkreis an gezählt, der durch jenen Punkt des Pfannenrandes verläuft, dem die Resultierende am nächsten kommt.

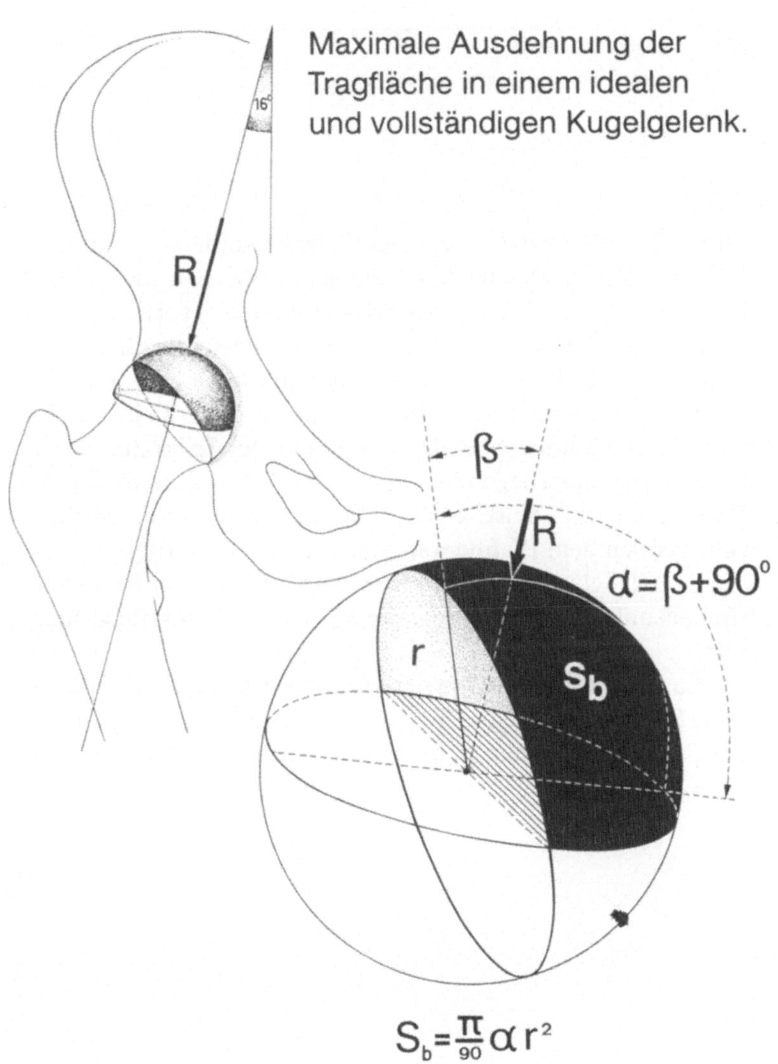

$$S_b = \frac{\pi}{90}\, \alpha\, r^2$$

Durch die exzentrische Lage der Gelenkresultierenden innerhalb der Kontaktfläche des Gelenks ändert sich die Verteilung der p_i in der Schnittebene des Horizonts (H–H).

Da das Gelenk per definitionem im statischen Gleichgewicht ist, bedeutet dies, daß sich die Drehmomente in allen Richtungen gegenseitig aufheben müssen. Das heißt auch, daß sich die Summe aller Drehmomente der Teilkräfte p_i auf jeweils gegenüberliegenden Seiten von R zu Null addieren. Da nun auf jener Seite, an der sich die Wirkungslinie der Resultierenden dem Pfannenrand nähert, die zur Verfügung stehenden Hebelarme der einzelnen p_i (Abstände von R) kürzer sind als auf der Gegenseite, müssen hier die Teilkräfte größer sein.

Auch hier wird, der Navier-Hypothese folgend (s. Anmerkung S. 66), eine lineare Begrenzung des Größendiagramms der p_i angenommen, und man erhält dadurch eine trapezförmige Verteilung.

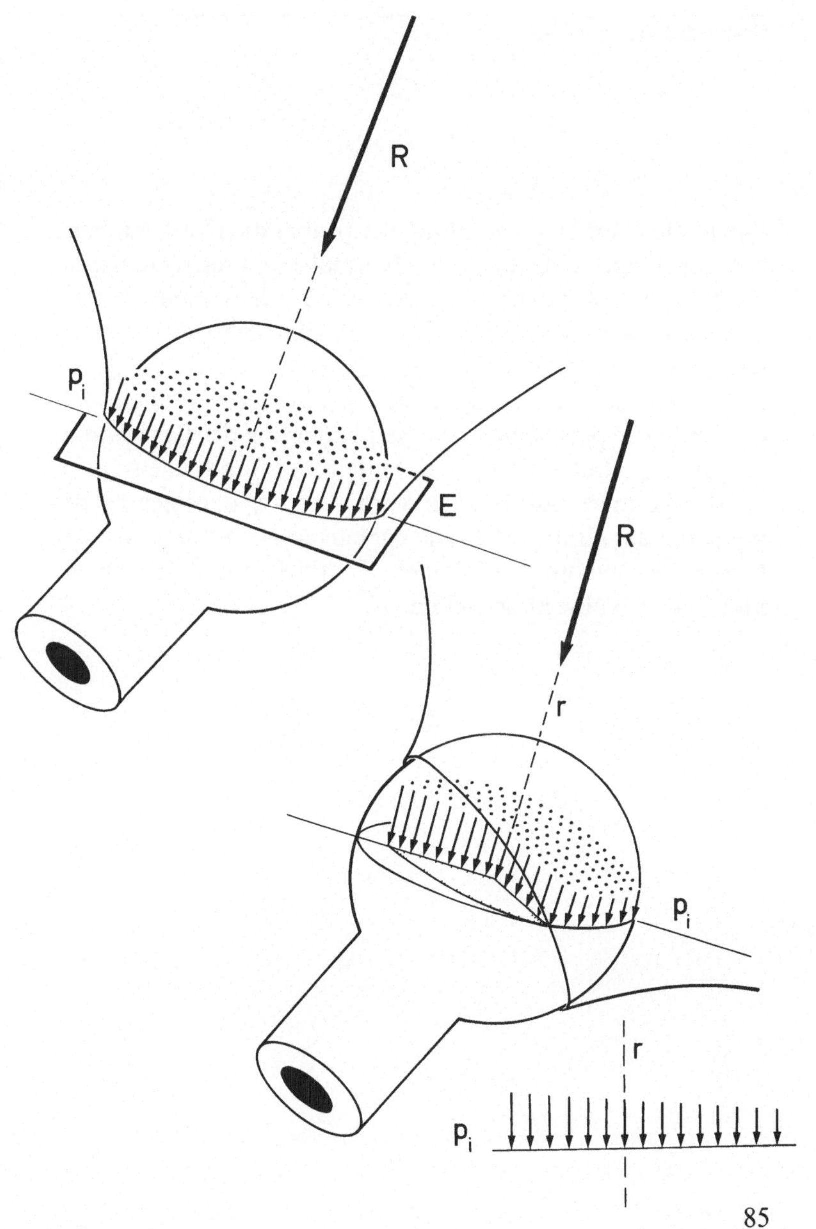

R
p_i
E
R
r
p_i
r
p_i

Die ungleichmäßige Verteilung der p_i über die Horizontebene hat zur Folge, daß auch die Normalspannungen (entsprechend den Normalkomponenten p_{in}) an der Gelenkoberfläche nicht mehr symmetrisch verteilt sind. Sie steigen gegen den Pfannenrand hin an.

Bereits nach dieser Betrachtung läßt sich vermuten, daß die Teilkräfte p_i bei einer gewissen Näherung der Resultierenden an den Pfannenrand in unmittelbarer Randnähe so groß werden können, daß sie unter Voraussetzung der linearen Begrenzung der Kräfteverteilung „gelenkeinwärts" noch vor der Grenze der maximal möglichen Tragfläche (dem „Horizontkreis") den Nullwert erreichen.

$$\Sigma p_{Ai} \cdot a_i + \Sigma p_{Bi} \cdot b_i = 0.$$

Die Summe der Drehmomente aller p_i ist gleich Null.

$p_R = p_i$ auf der Wirkungslinie von R

$\quad = \sigma_R$ (σ_i auf der Wirkungslinie von R).

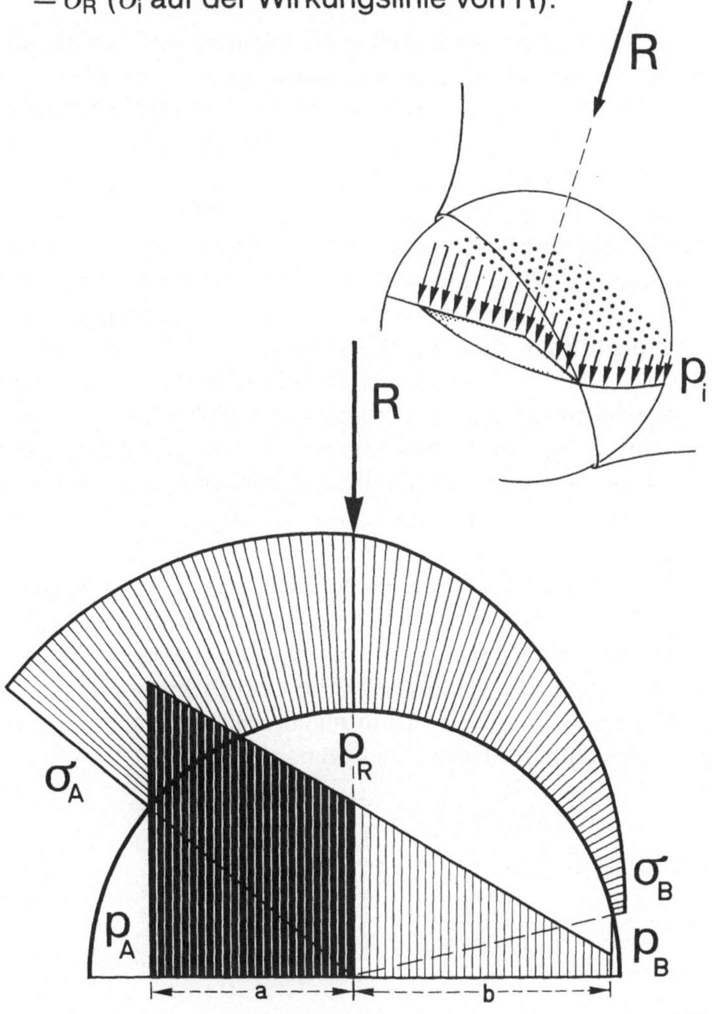

Nach der Theorie der kausalen Histogenese und funktionellen Anpassung der Stützgewebe von Pauwels (1965) bleibt der Gelenkknorpel nur dort erhalten, wo er durch intermittierende Druckkräfte wiederholte elastische Deformationen erfährt, die allerdings in einer bestimmten „physiologischen" Größenordnung liegen müssen. Genaue Zahlenwerte hierfür sind bislang unbekannt, man weiß aber aus klinischen Beobachtungen, daß die mit zu starker Druckbeanspruchung verbundenen Querdehnungen des Knorpels zu faseriger Degeneration führen, während das Fehlen jeglicher Druckdeformationen (z. B. beim langzeitig immobilisierten Gelenk) einen Knorpelschwund durch Ossifikation zur Folge hat.

Daraus kann geschlossen werden, daß Gelenkknorpel auf die Dauer nur in jenen Bereichen bestehen bleibt, in denen sich die Druckspannungen σ innerhalb gewisser Toleranzgrenzen halten.

Das macht es z. B. wahrscheinlich, daß in unmittelbarer Nähe des Horizonts kein Gelenkknorpel überleben kann, wenn nicht infolge von Gelenkbewegungen gelegentlich auch höhere Spannungen auftreten. Die Grenze knorpelerhaltender Druckspannungen wird infolgedessen auf einem Höhenkreis oberhalb des Horizonts liegen.

Ausdehnung der „Knorpelerhaltungszone" in einem idealen Kugelgelenk (für eine bestimmte Stellung der Gelenkresultierenden).

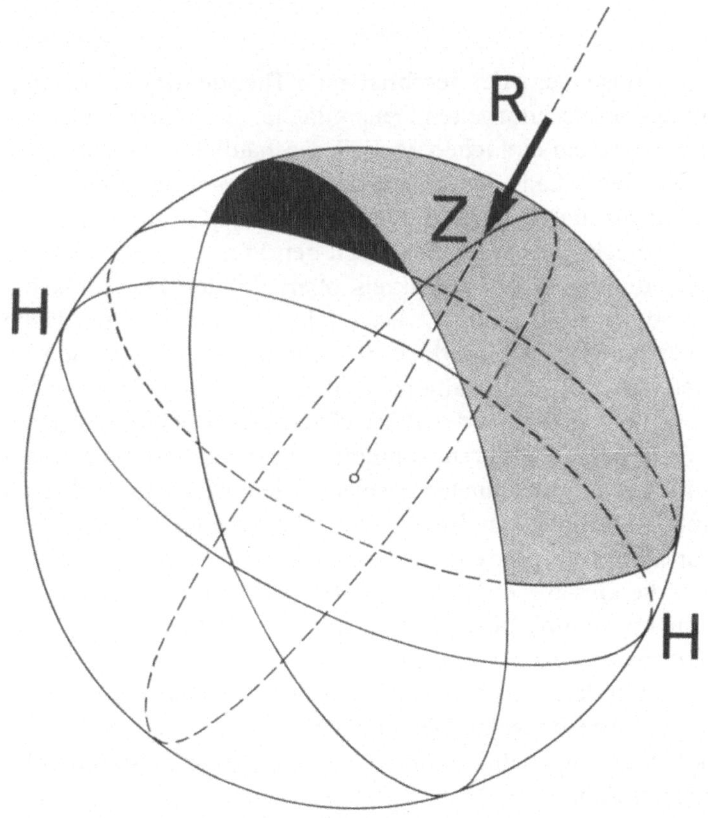

Die Konsequenz der beschriebenen Theorie für die Formbildung der überknorpelten Gelenkflächen des Hüftgelenks läßt sich an einem einfachen Modell anschaulich demonstrieren: Die zu jeder Lage der Resultierenden gehörende „Knorpelerhaltungszone" (Tillmann 1969) besitze die Gestalt eines Kugelzweiecks, das einerseits durch den Pfannenrand, andererseits durch einen Höhenkreis oberhalb des Horizonts begrenzt sei. Ein solches Zweieck läßt sich auf der Oberfläche einer Kugel farbig markieren. Während einer Bewegung im Gelenk wird die Resultierende ihre Lage ändern und damit verschiebt sich auch das Zweieck der „Knorpelerhaltungszone". Das kann dadurch simuliert werden, daß man die Kugel mit dem aufgezeichneten Zweieck dreht, wobei sie mehrfach unter dem gleichen Blickwinkel photographiert wird. Eine Superposition aller dabei entstandenen Bilder macht schließlich die Gesamtheit aller jener Bezirke sichtbar, in denen die Druckspannung irgendwann in der Größenordnung des Knorpelerhaltungsreizes liegt.

Nach der Theorie von Pauwels wäre zu erwarten, daß die mit Knorpel bedeckte Gelenkfläche Ausdehnung und Gestalt der im entsprechenden Modellversuch erzeugten Summenfläche annimmt.

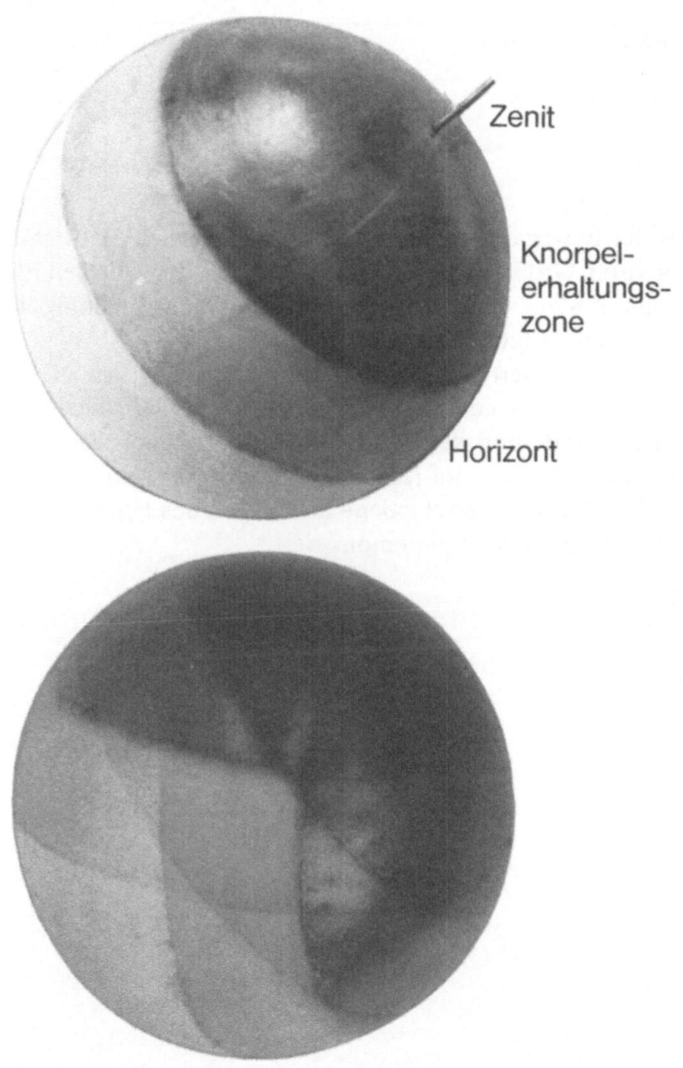

Überlagerung der Knorpelerhaltungszonen für 3 verschiedene Stellungen der Resultierenden

Bei der Bewegung in einem Gelenk ändern sich die Richtungen (und Größen) der Kräfte, vor allem der Muskelkräfte. Damit ändern sich selbstverständlich auch Richtung und Größe der Resultierenden.

Ferner ändert sich die gegenseitige Stellung der Gelenkpartner, woraus geschlossen werden kann, daß die relative Stellungsänderung der Resultierenden bezüglich der einzelnen Gelenkpartner auf jeden Fall verschieden sein muß.

Dies sei für 3 verschiedene Stellungen des Hüftgelenks in der Ansicht von lateral demonstriert.

Hüftgelenkresultierende in 3 verschiedenen Stellungen bei beidbeinigem Stehen:

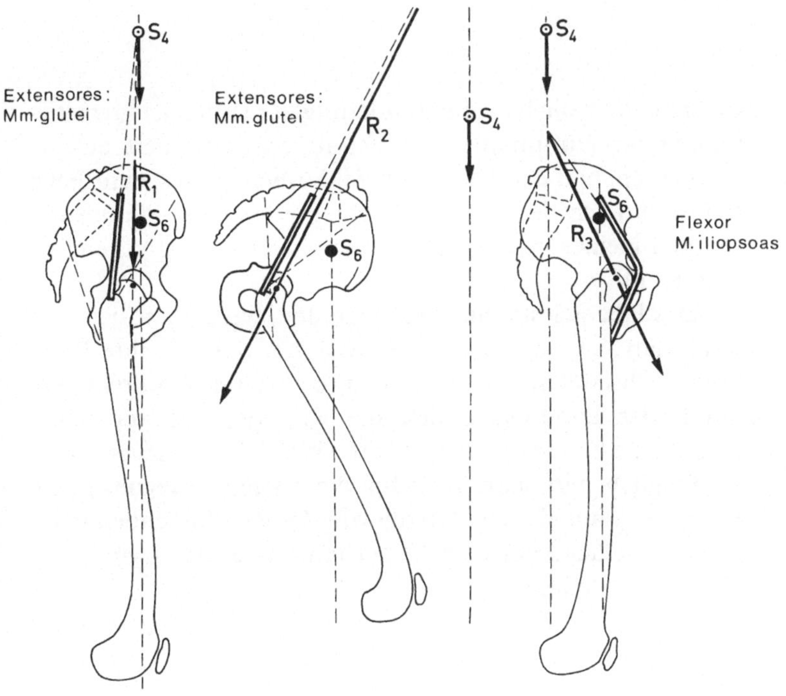

S_4 Körpergewicht abzüglich des Gewichts beider Beine

Zeichnet man die Richtungsänderung der Hüftgelenkresultierenden für Hüftpfanne und Femurkopf gesondert auf, so wird erkennbar, daß bei diesen willkürlich herausgegriffenen Beinstellungen der Winkelausschlag relativ zur Pfanne wesentlich kleiner ist als die Richtungsschwankung gegenüber dem Kopf.

Das läßt sich anschaulich begreifen, wenn man sich vorstellt, daß sich der Femurkopf unter der ohnehin ihre Richtung wechselnden Resultierenden noch zusätzlich dreht, wodurch der Bahnbogen, den die Resultierende auf seiner Oberfläche beschreibt, vergrößert wird.

Folglich darf man auch für die Extrembewegungen im Hüftgelenk annehmen, daß die von der Resultierenden überstrichene Fläche auf dem Caput femoris deutlich größer ist als im Azetabulum.

Bei Berücksichtigung
der gleichen Körper-
haltungen ändert die
Resultierende ihre
Lage relativ zur
Pfanne weniger als
relativ zum Kopf.

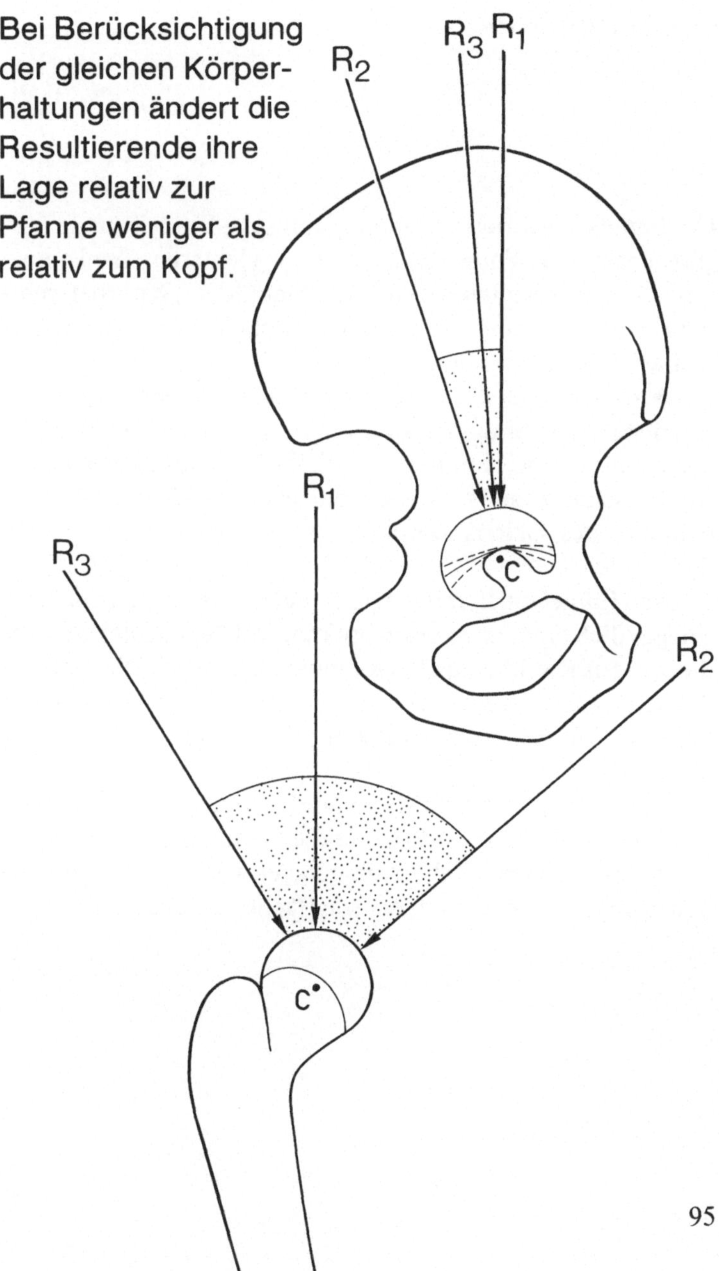

Der bereits beschriebene photographische Modellversuch ergibt unter der Voraussetzung eines kleineren Winkelausschlags der Resultierenden eine Figur der „Knorpelerhaltungszone", die eine verblüffende Ähnlichkeit mit der Knorpelfläche der Facies lunata aufweist.

Wird der Winkelausschlag der Resultierenden vergrößert, so entsteht ein Bild, das an die überknorpelte Gelenkfläche des Caput femoris erinnert. Auch die Aussparung der Fovea capitis ist auf diese Weise erklärbar, ebenso die geringere Ausdehnung des Gelenkknorpels auf der medial-unteren Seite des Kopfes.

An Hüftgelenken mit eingeschränkter Beweglichkeit kann gelegentlich eine Form des Kopfknorpels beobachtet werden, die wie ein Pendant zur Facies lunata erscheint. Die Gelenkfläche zeigt im Bereich der „Inzisur" saubere Ränder, und der Knorpel läßt makroskopisch keine Anzeichen einer Arthrose erkennen.

Aus diesen Betrachtungen und Modellbeispielen kann der Schluß gezogen werden, daß die Gestalt der überknorpelten Gelenkflächen als die Summe aller während der Gelenkbewegungen vorkommenden Tragflächen zu deuten ist.

„Knorpelerhaltungszonen" im Modell bei kleinerem und größerem Winkelausschlag der Resultierenden:

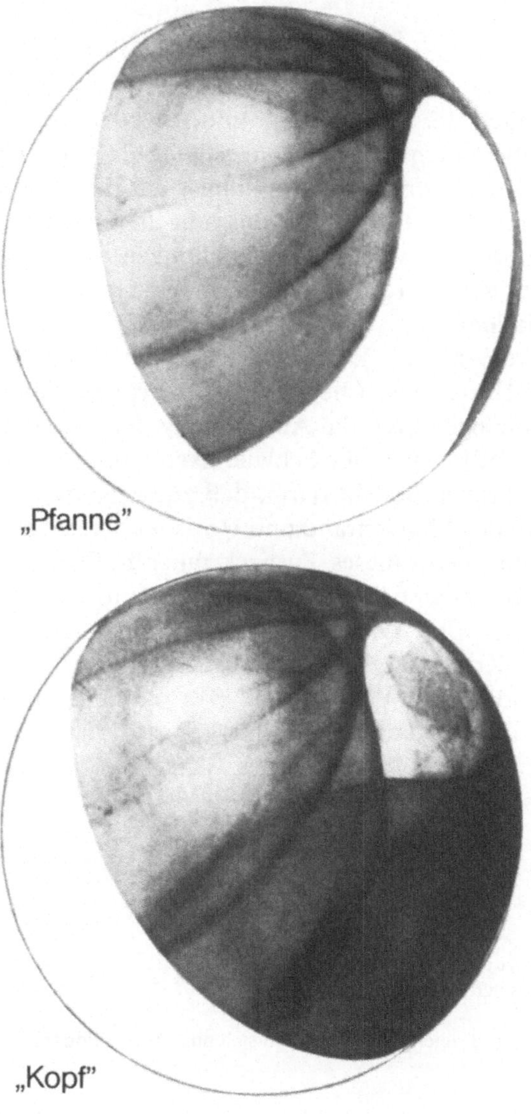

„Pfanne"

„Kopf"

Wenn auch die Grenzen der knorpelbedeckten Gelenkflächen außer durch die Knochengestalt (z. B. Pfannenrand) v. a. durch den niedrigsten Spannungswert des Knorpelerhaltungsreizes (z. B. Grenze der Fossa acetabuli) bestimmt sind, so kann doch in vielen Gelenkstellungen der zur jeweiligen Lage der Resultierenden gehörende Horizont in die Gelenkfläche fallen.

Auf dieser Basis kann theoretisch die maximale Tragfläche des Hüftgelenks (die wegen der zuvor geschilderten Zusammenhänge durch die Ausdehnung der Facies lunata bestimmt wird) ohne große Schwierigkeit ermittelt werden.

Das Prinzip besteht darin, daß zunächst das Kugelzweieck zwischen Pfannenrand und Horizont berechnet wird, von dem dann die in dieses Zweieck fallende Fläche der Fossa acetabuli (der eine kreisförmige Begrenzung unterstellt wird) abgezogen wird. Die wichtigsten dafür nötigen Parameter sind der Krümmungsradius r, der Abstandswinkel β der Resultierenden vom Pfannenrand (zur Bestimmung der Lage des Horizonts relativ zum Pfannenrand) und die größte Breite der Facies lunata in Gestalt des Winkels λ (zur Bestimmung der Fossa acetabuli).

---

q = Radius der „Fossa acetabuli
r = Radius der Kugel
$\alpha = \beta + 90°$
Alle anderen Bezeichnungen ergeben sich aus der Abbildung.

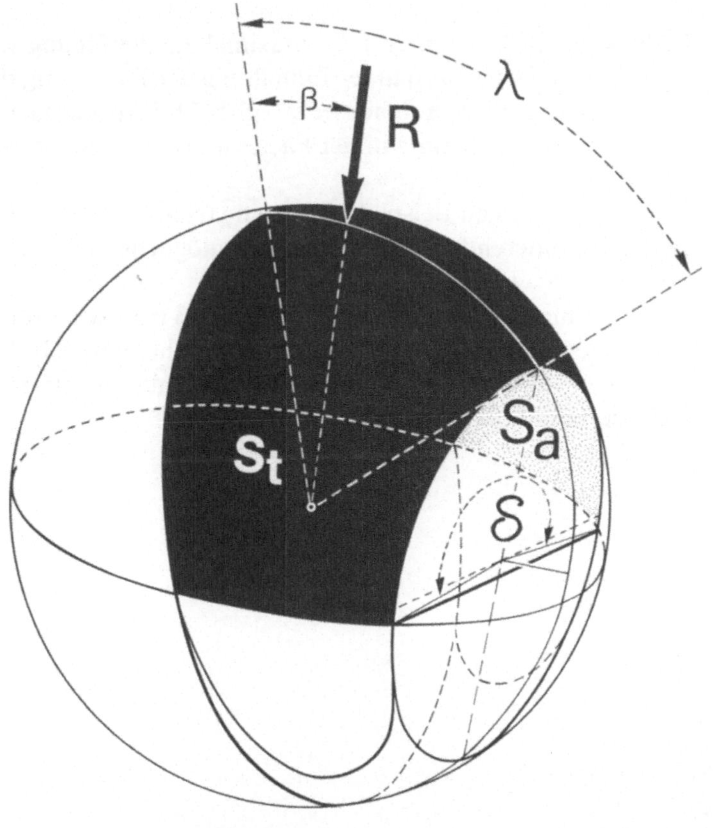

$$S_t = S_b - S_a$$

$$S_t = r \cdot \left[\tfrac{\pi}{90} \alpha r - (r - \sqrt{r^2 - q^2})(\tfrac{\pi}{180} \delta - \sin \delta) \right]$$

Bei bekannter Ausdehnung der maximal zur Verfügung stehenden Tragfläche kann unter Einhaltung der Bedingung der Kompensation aller Drehmomente (vgl. S. 74, 86) die tatsächliche Spannungsverteilung in der Facies lunata berechnet werden.

Im abgebildeten Beispiel wurde eine relativ randnahe Lage der Resultierenden gewählt, um ein möglichst plastisches Spannungsdiagramm zu demonstrieren.

Es sei hier nochmals daran erinnert, daß trotz der Erörterungen über den Erhaltungsreiz für den Gelenkknorpel bisher von einem absolut kongruenten Kugelgelenk, aus starrem, nicht deformierbarem Material die Rede ist.

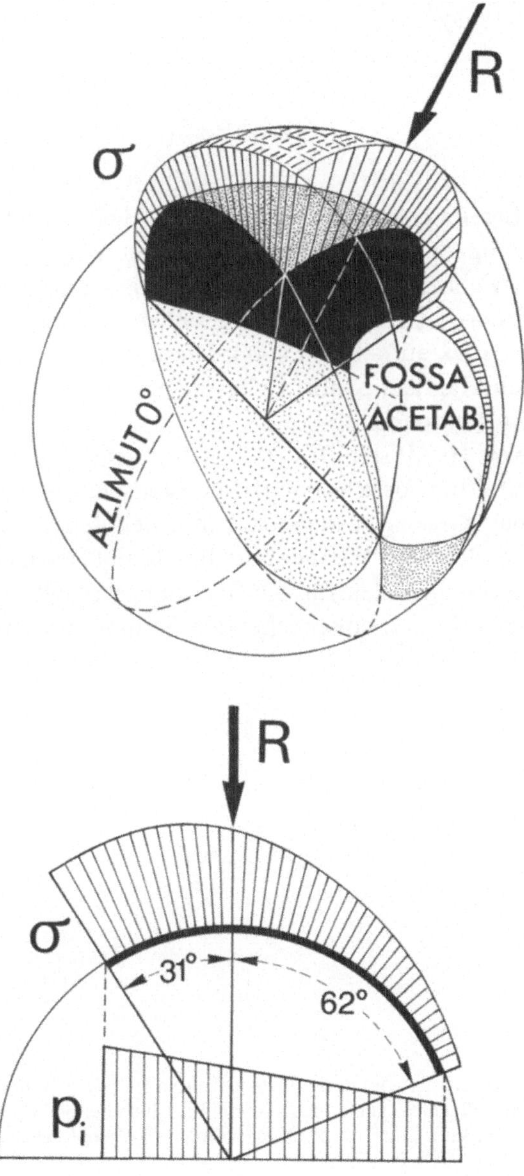

101

Es war bereits erwähnt worden (S. 86), daß bei sehr großer Annäherung der Resultierenden an den Pfannenrand aus Gleichgewichtsgründen nicht mehr die gesamte „gelenkeinwärts" theoretisch zur Verfügung stehende Tragfläche auch wirklich Druck aufnehmen kann. Diese Reduzierung der tatsächlichen Tragfläche führt zu besonders hohem Spannungsanstieg in Randnähe.

Pauwels (1973) stellt fest, daß sich deshalb die Tragfläche in Richtung zur Fossa acetabuli höchstens auf den doppelten Betrag des Bogens ausdehnen kann, der den Abstand der Resultierenden vom Pfannenrand beschreibt (Winkel β)[1].

Die Konsequenzen für die Spannungsverteilung im Gelenk werden in den entsprechenden Spannungsdiagrammen deutlich.

---

[1] Das trifft angenähert für starke Exzentrizitäten zu, wie z. B. in der oberen Figur. Ganz allgemein gilt jedoch, daß die Basislinie der p_i (Horizont H–H) durch die Wirkungslinie von R im Verhältnis 1:2,4 geteilt wird.

Bei Annäherung der Resultierenden an den Pfannenrand steigen die Spannungen erheblich an.

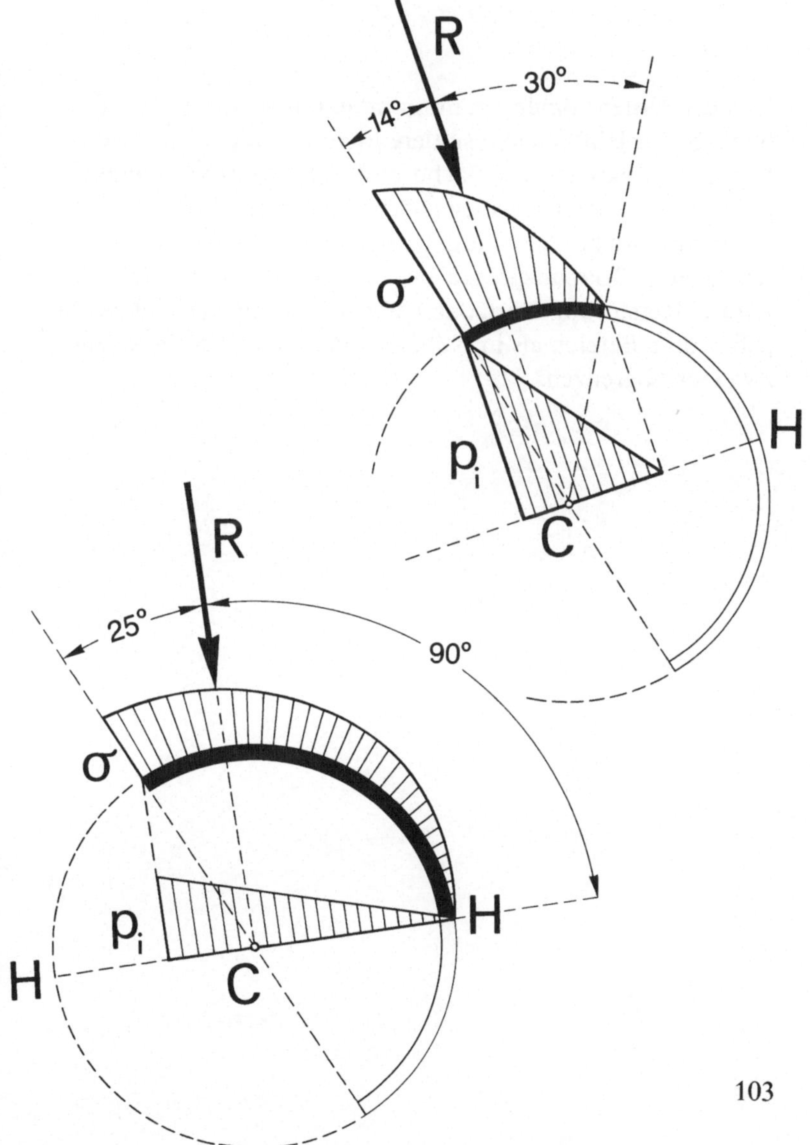

Das dreidimensionale Spannungsdiagramm für eine randnahe Lage der Hüftgelenkresultierenden zeigt die starke Reduktion der effektiven Tragfläche und den damit verbundenen enormen Spannungsanstieg besonders eindringlich.

Wenn nun berücksichtigt wird, daß die Überschreitung einer oberen Toleranzgrenze der Druckspannungen (σ_0) zur Knorpelzerstörung führt, dann läßt sich der in dieser Hinsicht gefährdete Bereich als in Nähe des Pfannenrandes gelegenes Zweieck abgrenzen.

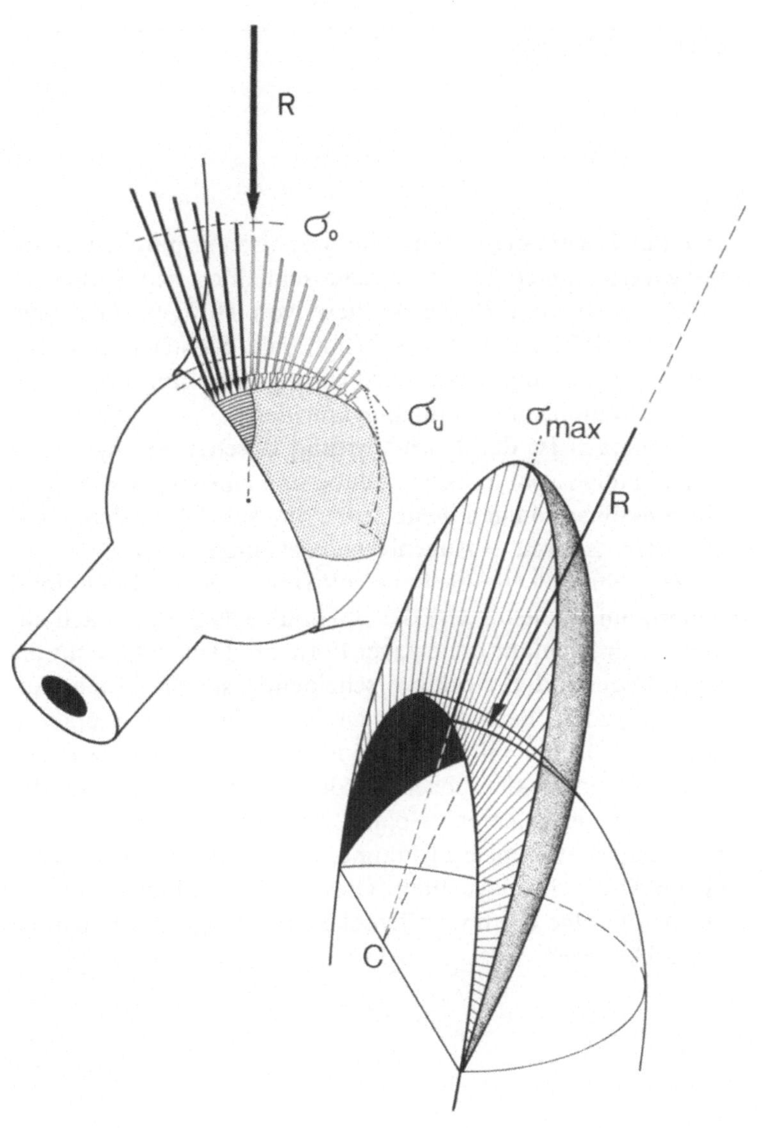

R
σ_0
σ_u
σ_{max}
R
C

In einer Gegenüberstellung von graphisch ermittelten Spannungsverteilungen in einem unterschiedlich beanspruchten Modellgelenk mit Röntgenbildern von Hüftgelenken zeigt Pauwels (1973), daß der subchondrale Knochen offenbar durch Ausbildung einer Verdichtungszone auf die Spannungsverteilung ganz individuell reagiert.

Demnach ist der Normalbefund durch eine annähernd gleichmäßige Spannungsverteilung und eine so gut wie exakt gleichmäßige röntgendichte Zone im subchondralen Knochen (frz. „sourcil" = Augenbraue) gekennzeichnet.

Je mehr sich die Gelenkresultierende dem Pfannenrand nähert, um so mehr steigt das Spannungsdiagramm nach außen hin in ungefähr dreieckiger Form an. Dem entspricht die im Röntgenbild dreieckig erscheinende subchondrale Verdichtungszone (Pauwelssches Dreieck). Gleichzeitig erkennt man lateral eine mit zunehmendem Anstieg des Pauwelsschen Dreiecks deutlicher werdende Verschmälerung des röntgenologisch leeren „Spalts" zwischen den knöchernen Konturen von Kopf und Pfanne, der die Gesamtheit beider Gelenkknorpel repräsentiert. Dies ist ein deutlicher Hinweis auf den infolge des hohen Druckanstiegs zugrundegehenden Gelenkknorpel.

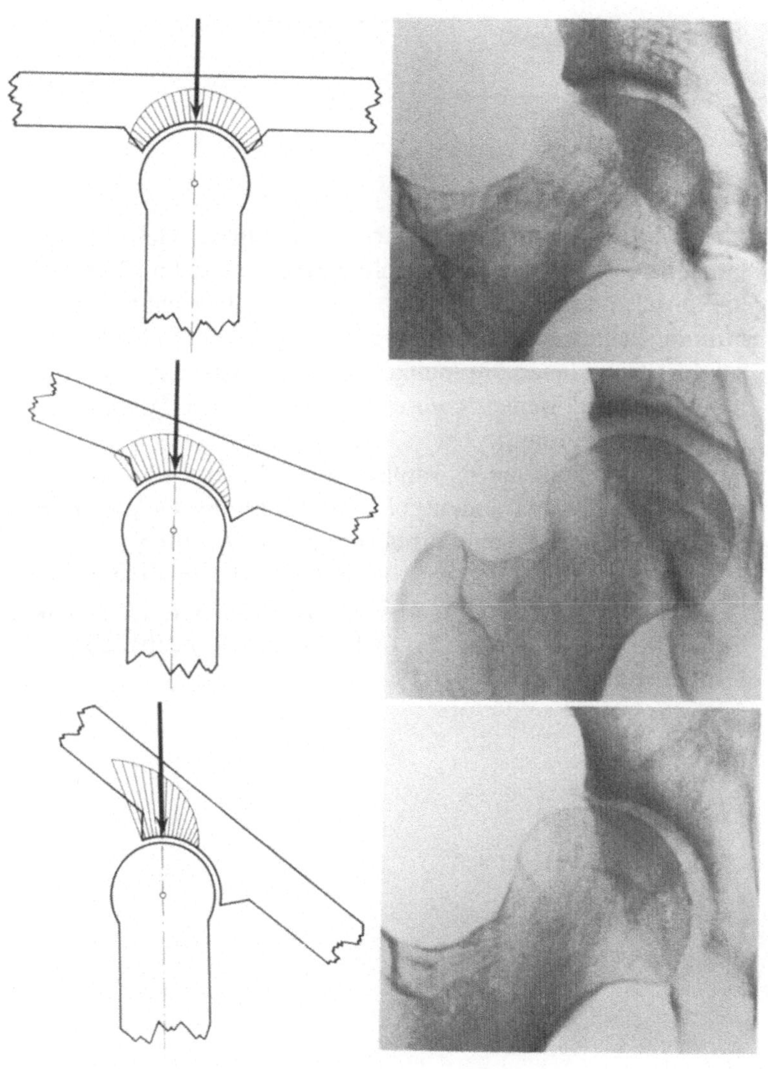

Pauwels (1973) weist bereits darauf hin, daß der Gelenkknorpel ganz offenbar für eine gleichmäßigere Verteilung des Gelenkdrucks sorgt als dies in dem bisher den Betrachtungen zugrundegelegten Modell aus starrem Material der Fall wäre. Er zeigt Fälle, in denen die subchondrale Sklerosierung recht genau die zentral höhere Kontur des theoretischen Spannungsdiagramms annimmt.

In dem Fall einer implantierten Judet-Endoprothese scheint der Zusammenhang klar: hier fehlt der Gelenkknorpel und damit auch seine druckverteilende Wirkung.

Daraus schließt Pauwels bei einer analogen Gestalt der Sklerosierungszone in einem sonst unauffälligen Hüftgelenk auf eine „Insuffizienz" des Gelenkknorpels bezüglich der Druckverteilung.

Aus Pauwels (1973)

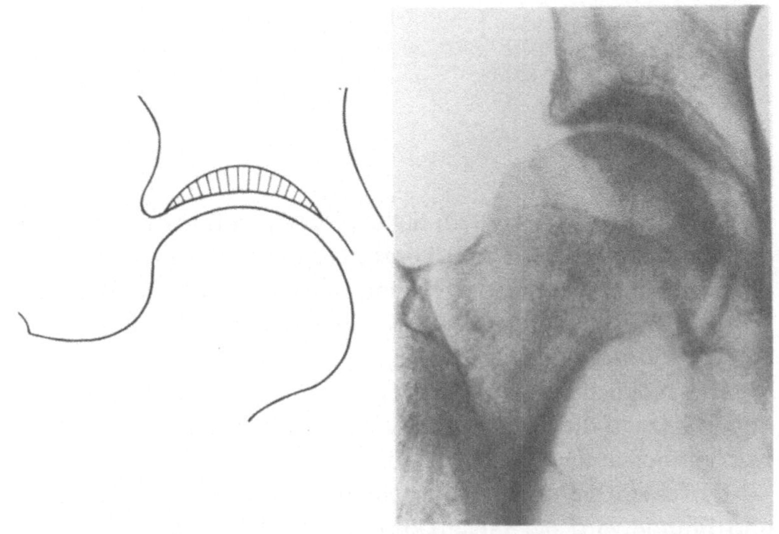

Die halbmondförmige subchondrale Sklerosezone deutet auf eine mangelhafte Druckverteilung im Gelenk hin.

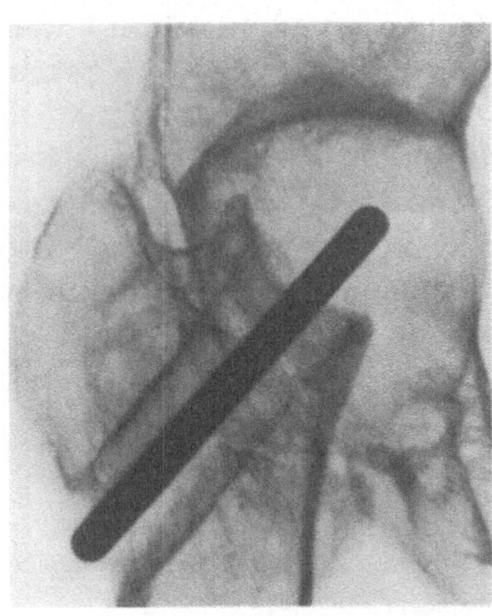

Plexiglas-Judet-
Endoprothese

Greenwald u. Haynes (1972) haben gezeigt, daß in der Regel der Durchmesser des Femurkopfes geringfügig größer ist als der Innendurchmesser der Pfanne, weswegen erst bei einer gewissen Belastung des Gelenks in der Tiefe der Pfanne merklich Druck übertragen wird.

Die mögliche Auswirkung einer derartigen leichten Inkongruenz auf die Druckverteilung im Gelenk läßt sich an einem einfachen theoretischen Modell zeigen.

Bei einem geringen Unterschied der Radien von Kopf und Pfanne wird der Gelenkknorpel bei Belastung des Gelenks zunächst in den Randpartien komprimiert. Dabei entstehen im subchondralen Knochen Druckspannungen, die am Pfannenrand am größten sind und nach der Tiefe der Pfanne hin abfallen. Kommt es zum Kontakt des Kopfes am Pfannengrund, so würde – wenn dies die einzige Kraftübertragung wäre – dort das bekannte Spannungsdiagramm mit zentralem Gipfel entstehen. Die tatsächliche Spannungsverteilung ist die Summe aus beiden Effekten. Bei geeigneter Wahl der Inkongruenz und der elastischen Eigenschaften des „Knorpelbelags" kann die Wirkung so dosiert werden, daß in der Summation ein absolut ebenes Spannungsdiagramm entsteht.

Es ist nicht unwahrscheinlich, daß die absolut gleichmäßige „sourcil" auf einer derartigen angepaßten Inkongruenz beruht.

Röntgenbilder aus Pauwels (1973)

110

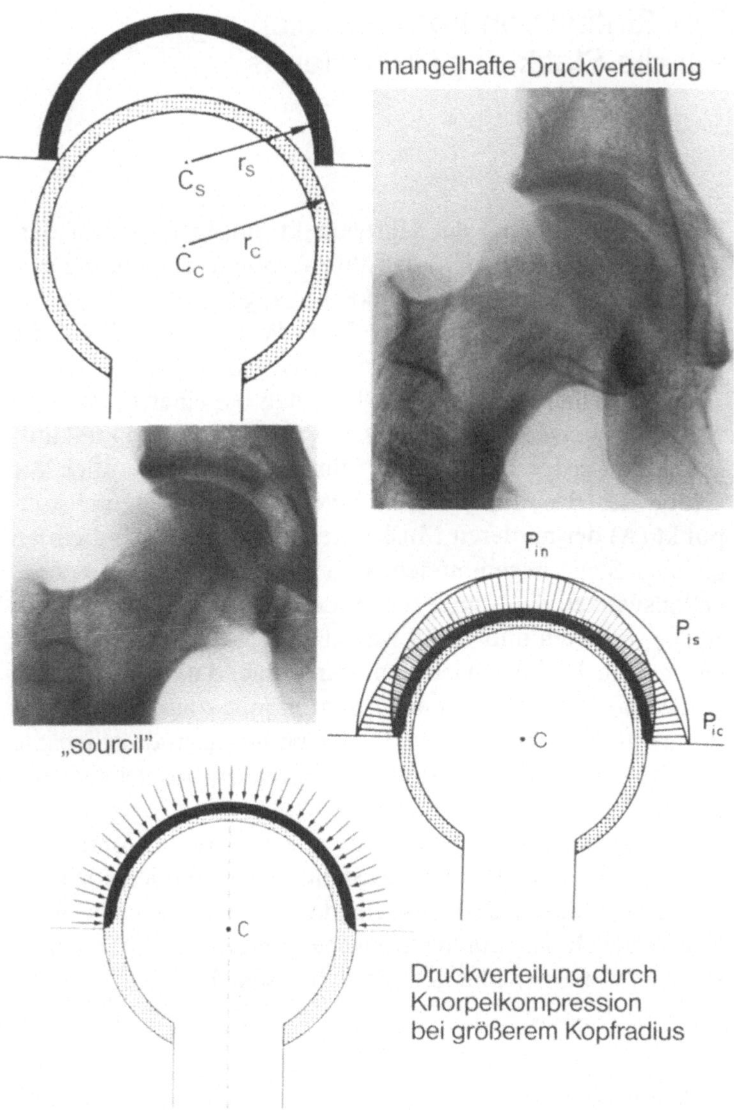

Druckverteilung durch
Knorpelkompression
bei größerem Kopfradius

Der Einfluß von Formabweichungen auf die Statik des Hüftgelenks

Bei der Bestimmung der Hüftgelenkresultierenden war darauf hingewiesen worden, daß ihre Größe und Richtung u. a. auch vom Kollodiaphysenwinkel abhängen.

Ceteris paribus nimmt der CCD-Winkel Einfluß auf die Länge des Hebelarms der Hüftabduktoren.

Es ist daher leicht verständlich, daß bei einer *Coxa valga* wegen des kürzeren Hebelarms eine größere Muskelkraft aufgebracht werden muß. Damit nimmt naturgemäß auch die Größe der Resultierenden zu.[1] Wenn aber der Durchstoßpunkt (A) der mittleren Muskelkraft durch das Darmbein an gleicher Stelle angenommen wird wie bei normalem Schenkelhalswinkel, dann muß die Wirkungslinie der Abduktoren steiler verlaufen und damit wird auch die Resultierende steiler gestellt. Das hat wiederum zur Folge, daß sich die Wirkungslinie der Resultierenden dem Pfannenrand nähert; der Winkel β wird also kleiner. Damit besteht grundsätzlich die Gefahr einer Überschreitung der Toleranzwerte des Gelenkdrucks.

Da hierbei aber noch zahlreiche andere Faktoren eine Rolle spielen (so z. B. auch die Stellung der Pfanneneingangsebene im Raum), darf deshalb die Coxa valga keineswegs grundsätzlich als „präarthrotische Deformität" bezeichnet werden, wie dies leider gelegentlich geschieht.

---

[1] Die Wirkungslinien von G_5 und M schneiden sich erst weit über dem oberen Bildrand. Der besseren Übersicht halber ist daher das Kräfteparallelogramm auf der Wirkungslinie von R nach unten verschoben.

112

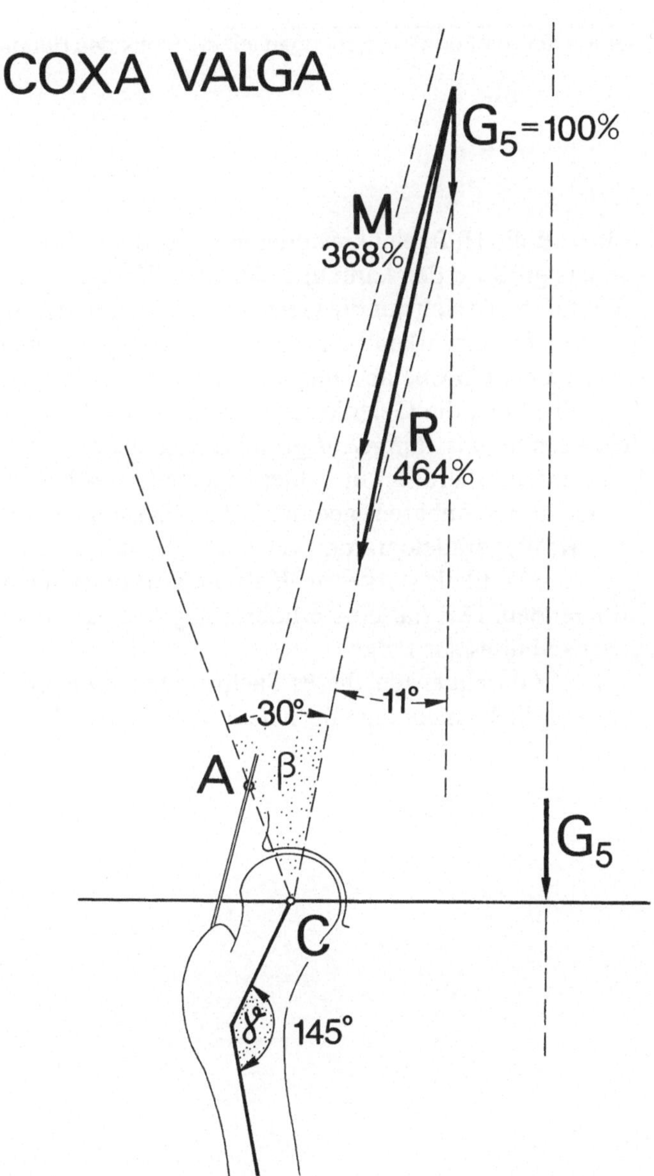

COXA VALGA
G₅ = 100%
M
368%
R
464%
11°
30°
A
β
G₅
C
γ
145°

Während die Hüftgelenkresultierende bei der Coxa valga besonders groß werden kann und sich dem Pfannenrand nähert – Faktoren, die sich auf die Gelenkbeanspruchung grundsätzlich negativ auswirken –, nimmt sie demgegenüber bei der *Coxa vara* an Größe ab, und sie rückt vom Pfannenrand ab. Dies alles setzt die Gelenkbeanspruchung herab und könnte deswegen *für das Hüftgelenk* grundsätzlich als günstig angesehen werden. Allerdings muß hier angemerkt werden, daß sich aus leicht erkennbarem geometrischen Zusammenhang (aus dem Kräfteparallelogramm verständlich) der Schenkelhals gegen die Vertikale stärker neigt als die Wirkungslinie der Resultierenden. Das hat eine erhöhte Biegebeanspruchung des Schenkelhalses zur Folge.

Die Konsequenzen dieses Sachverhaltes können jedoch an dieser Stelle nicht ausführlicher erörtert werden.

COXA VARA

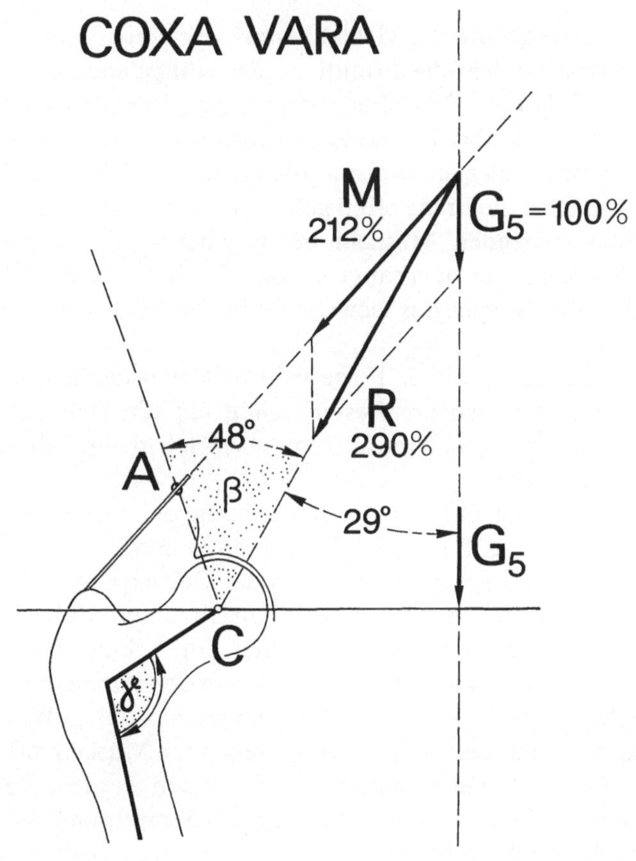

Eine Abweichung der Gelenkkontur von einem Kreisbogen wirft das Problem der Ermittlung der Hüftgelenkresultierenden auf, da hier nicht ohne weiteres ein „Drehzentrum" des Gelenks erkennbar ist, das zur Konstruktion der Wirkungslinie in Anspruch genommen werden kann. Im Prinzip muß sogar zunächst die Frage offen gelassen werden, ob die zur Verfügung stehenden Muskeln bei gegebener Richtung ihrer Wirkungslinie m überhaupt im Stande sind, ein nach Lage und Größe festgelegtes Gewicht G_5 im Gleichgewicht zu halten.

Zur Prüfung dieser Frage geht man von der Bedingung aus, daß die gesuchte Resultierende auf die Gelenkfläche senkrecht auftreffen muß, wenn das Gelenk im Gleichgewicht sein soll.

Wenn man eine stetige Krümmung der Gelenkflächen voraussetzen darf, legt man Tangenten (a und b) an die Endabschnitte des Krümmungsprofils der Gelenkpfanne. Ferner bringt man die Geraden m (Wirkungslinie der Abduktoren) und g (Wirkungslinie des Gewichts) zum Schnitt. Liegt der Schnittpunkt S innerhalb des von den an den Pfannenrändern errichteten Normalen n_a und n_b eingeschlossenen Winkels, dann kann aus der zur Verfügung stehenden Muskelkraft und dem Gewicht eine Resultierende gewonnen werden, die das Gelenk im Gleichgewicht hält. Liegt der Schnittpunkt S dagegen außerhalb, so ist dies unter den gegebenen Bedingungen unmöglich.

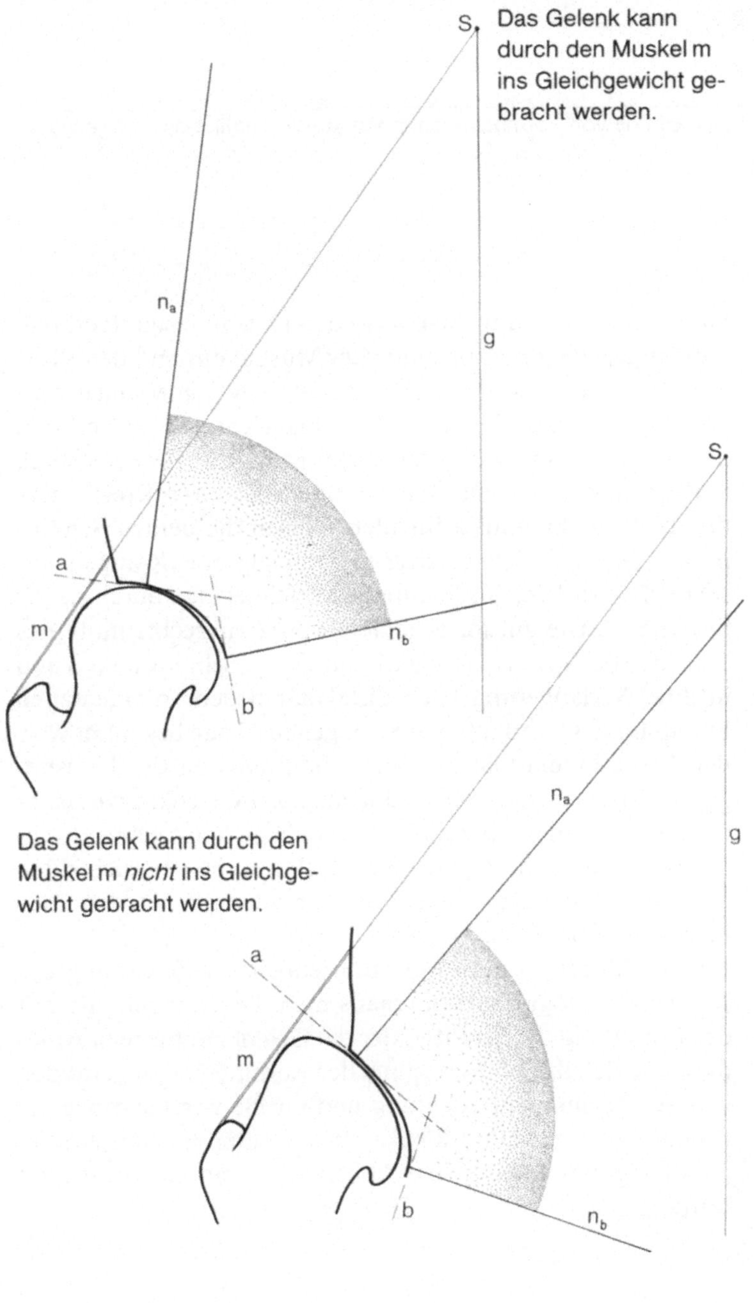

S
Das Gelenk kann durch den Muskel m ins Gleichgewicht gebracht werden.
n_a
g
a
m
n_b
b
S
n_a
g
a
m
n_b
b
Das Gelenk kann durch den Muskel m nicht ins Gleichgewicht gebracht werden.

Hat man an einem nichtsphärischen Gelenk festgestellt, daß aus der gegebenen Anordnung der Muskulatur und dem Körpergewicht grundsätzlich eine Resultierende gewonnen werden kann, die das Gelenk im Gleichgewicht hält, so sind nun deren Lage und Größe zu bestimmen. Zu diesem Zweck schlägt man um S mit abnehmendem Radius r Kreisbögen, die die Gelenkkontur schneiden. Liegen die beiden Schnittpunkte bei einer Gelenkskizze in Originalgröße (Röntgenpause) noch etwa 1 cm auseinander, so zeichnet man durch sie die Sekante c*. Die auf ihr errichtete Mittelsenkrechte muß (des Konstruktionsprinzips wegen!) durch den Schnittpunkt S und in ihrer Verlängerung nach distal durch den „momentanen Drehpunkt" C_i verlaufen, dessen genaue Lage bestimmt werden kann, indem man an den Schnittpunkten des Kreisbogens mit der Gelenkkontur Tangenten zur Gelenkkurve zeichnet und auf ihnen kopfeinwärts gerichtete Senkrechte errichtet. Bei genügend genauer Konstruktion müssen sich diese Normalen 1 und 2 mit dem Strahl r im selben Punkt, dem Momentanzentrum C_i schneiden.

Das Momentanzentrum muß jedoch zur Zeichnung des Kräfteparallelogramms durchaus nicht bekannt sein, da mit der Ermittlung des Strahls r, der die Gelenkkontur rechtwinklig schneidet, die Wirkungslinie der Resultierenden gefunden wurde. Da nunmehr Richtung und Größe von G_5 sowie die Richtungen von M und R bekannt sind, kann nun das Kräfteparallelogramm nach dem üblichen Verfahren konstruiert werden.

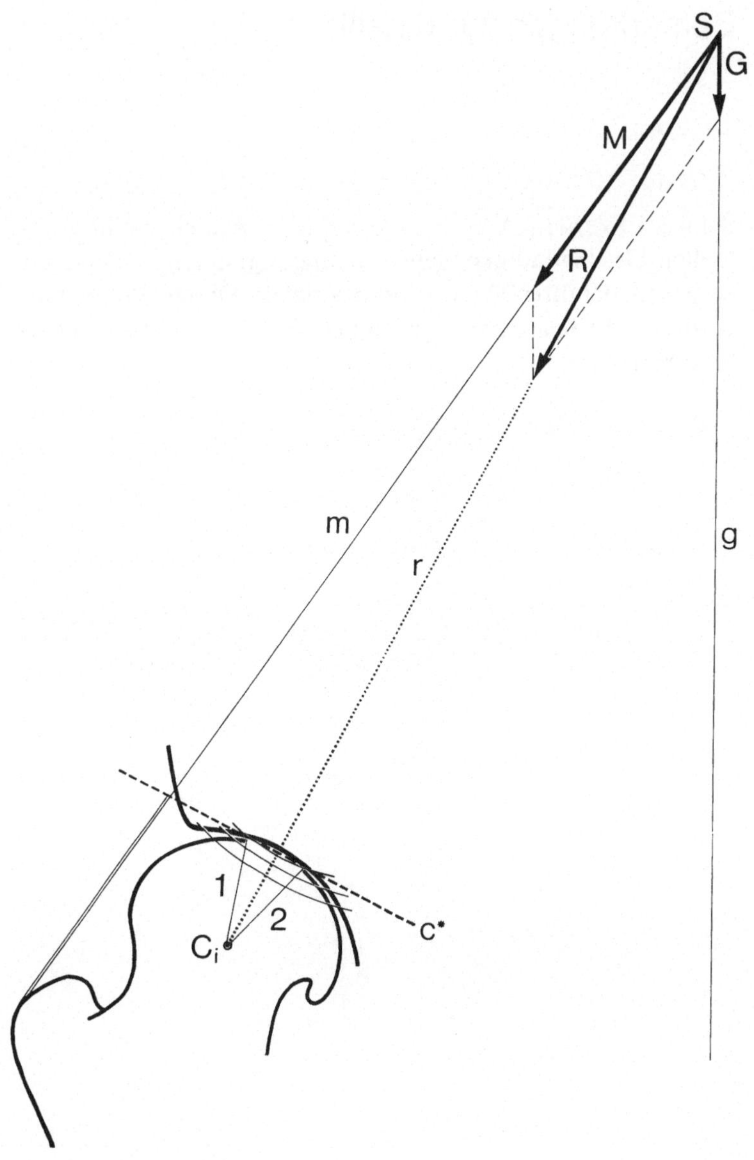

S
G
M
R
m
r
g
1
2
C_i
c*

Bemerkungen zur Kinetik

Schwere Körper („Massen") setzen jeder Änderung ihrer aktuellen Geschwindigkeit (Beschleunigung) einen Widerstand entgegen, der ihrer Masse proportional ist. Dieser Widerstand wird als *Massenträgheit* bezeichnet. Er ist im physikalischen Sinn eine Kraft.

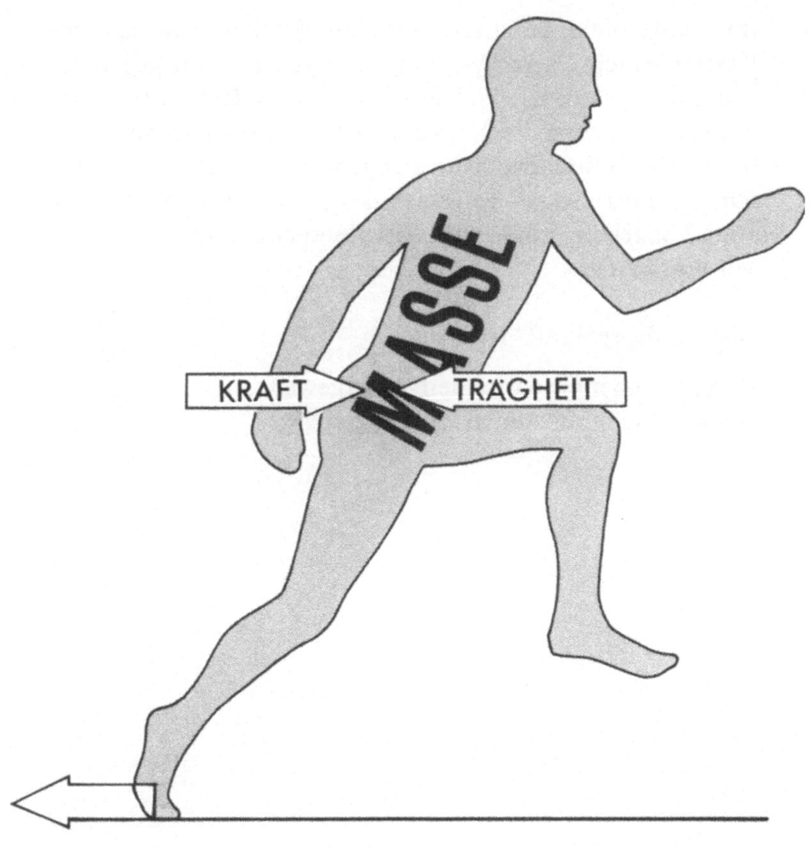

Die Trägheitskraft wächst mit der beschleunigen-
den Kraft.

122

Im Schwerefeld der Erde wirkt die Körpermasse als eine Kraft (Gewicht), deren Wirkungslinie vertikal, d. h. gegen den Erdmittelpunkt hin gerichtet ist. Greift an dem Körper eine weitere beschleunigende Kraft an (das gilt auch, wenn eine in Bewegung befindliche Masse abgebremst wird: negative Beschleunigung), so ist die Gesamtkraft, die dieser Körper auf seine Umgebung ausübt, die Resultierende aus Gewicht und Massenträgheit.

Diese „Massenkraft" ist

1) stets größer als das reine Körpergewicht,
2) nicht mehr unbedingt vertikal gerichtet.

KINETIK

G_6 KÖRPERGEWICHT
K HORIZONTALKRAFT
L GESAMTLAST
T TRÄGHEITSKRAFT (MASSENTRÄGHEIT)
V VERTIKALER BODENDRUCK
W BODEN-WIDERSTAND
K = -T
$V = -G_6$
W = -L
T
L
G_6
K
V
W

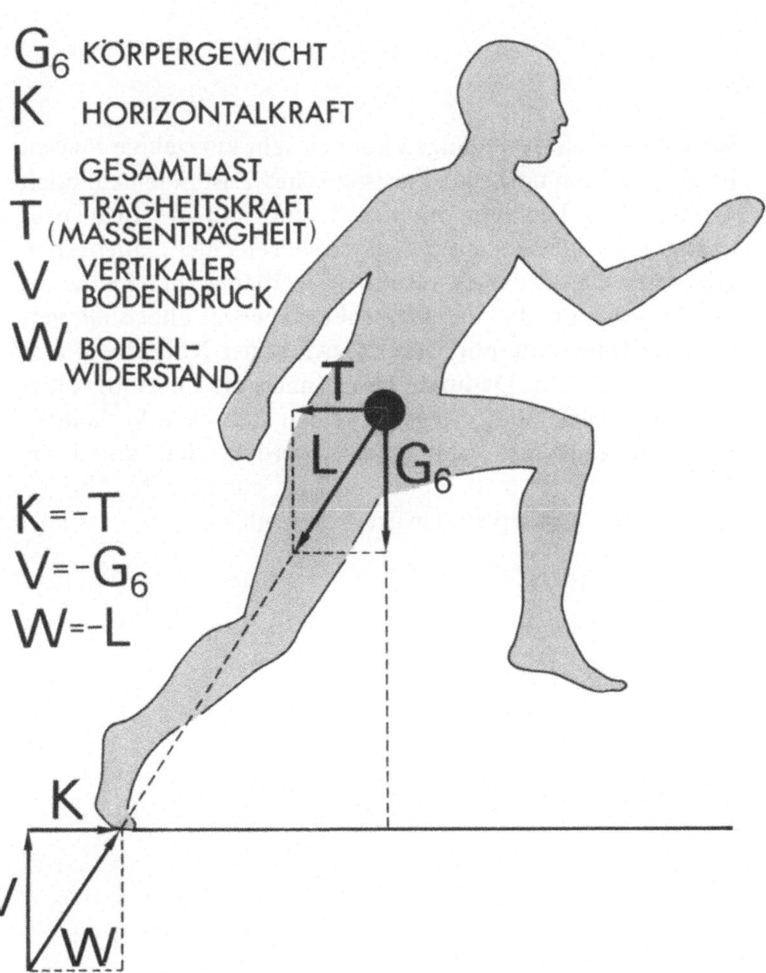

Bei schnelleren Bewegungen können sehr kurzzeitige Phasen herausgegriffen und als „quasistatische" Zustände behandelt werden. Das bedeutet unter anderem, daß die Beanspruchung eines Gelenks unter Zugrundelegen eines „kinetischen Gleichgewichtszustands" ermittelt werden kann. Dabei ist nur zu beachten, daß die Massenkräfte weder unbedingt vertikal gerichtet sind, noch dem Gewicht der Körperteile entsprechen müssen. Dadurch ändert auch die Gelenkresultierende Lage und Größe gegenüber den statischen Verhältnissen. Grundsätzlich kann gesagt werden, daß kinetische Beanspruchungen stets größer sind als statische. Im übrigen sind aber die Prinzipien der Ermittlung gleich.

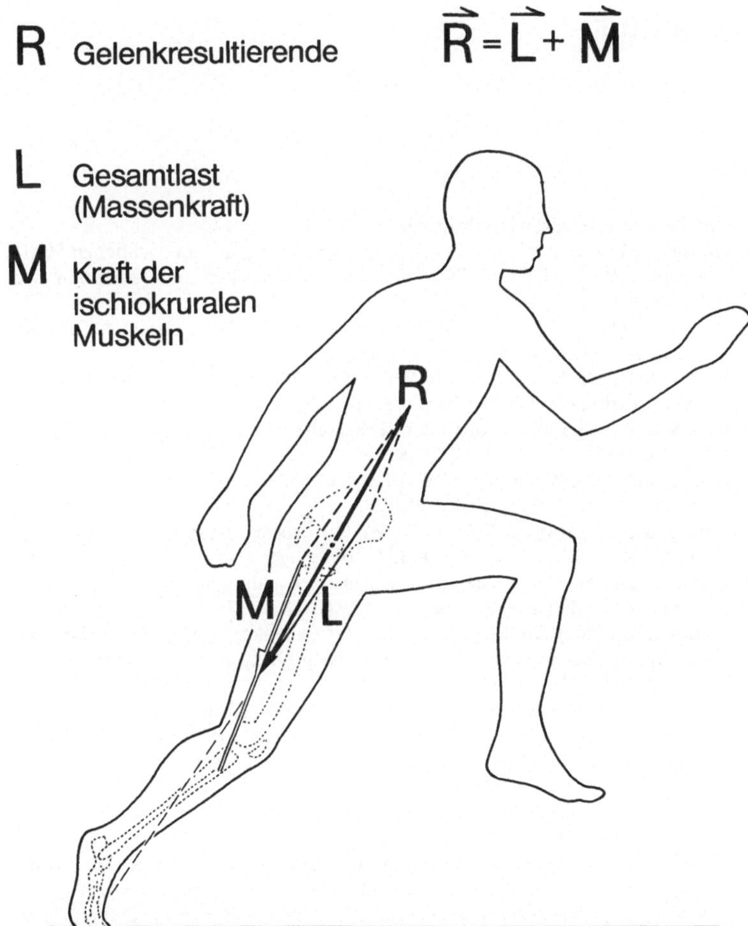

$$\vec{R} = \vec{L} + \vec{M}$$

Literatur

(Im Text zitierte und weiterführende Literatur)

Amtmann E, Kummer B (1968) Die Beanspruchung des menschlichen Hüftgelenks. II. Größe und Richtung der Hüftgelenksresultierenden in der Frontalebene. Z Anat Entw Gesch 127: 286–314

Birkner R (1977) Das typische Röntgenbild des Skeletts. Urban & Schwarzenberg, München

Bombelli R, RF Santore and R Poss (1984) Mechanics of the normal and osteoarthritic hip. Clin Orthop 182, 69–78

Falk S (1967/68/69) Lehrbuch der Technischen Mechanik, Bd 1, 2, 3. Springer, Berlin Heidelberg New York

Greenwald AS, O'Connor JJ (1971) The transmission of load through the human hip joint. J Biomech 4: 507–528

Greenwald AS, Haynes DW (1972) Weight bearing areas in the human hip joint. J Bone Joint Surg [Br] 54: 157–163

Kummer B (1968) Die Beanspruchung des menschlichen Hüftgelenks. I. Allgemeine Problematik. Z Anat Entw Gesch 127: 277–285

Kummer B (1969) Die Beanspruchung der Gelenke, dargestellt am Beispiel des menschlichen Hüftgelenks. Verh Dtsch Orthop Ges 55. Kongr Kassel 1968, S 301–311

Kummer B (1974a) Biomechanik der Gelenke (Diarthrosen). Die Beanspruchung des Gelenkknorpels. Biopolymere und Biomechanik von Bindegewebssystemen. 7. Wiss Konf Deutsch Nat-forsch Ärzte. Springer, Berlin Heidelberg New York, S 19–28

Kummer B (1974b) Grundlagen der Biomechanik des Hüftgelenkes. Med Orthop Techn 94: 118–124

Kummer B (1976) Biomechanics of the hip and knee joint. In: Schaldach M, Hohmann D (eds) Advances in artificial hip and knee joint technology. Engineering in medicine 2. Springer, Berlin Heidelberg New York

Kummer B (1978) Anatomie fonctionnelle et biomécanique de la hanche. Acta Orthop Belg 44: 94–104

Kummer B (1979) Die Tragfläche des Hüftgelenks. Z Orthop 117: 693–696

Kummer B (1980) Articular Cartilage as a biomechanical system. In: Gastpar H (Hrsg) Biology of the articular cartilage in health and disease. Proc. of the 2nd Munich Symp on biol of connec tiss, 23.–24. 7. 1979. Schattauer, Stuttgart New York

Kummer B (1981) Biomechanik der normalen und kranken Hüfte. In: Draenert K, Rütt A (Hrsg) Histo-Morphologie des Bewegungsapparates 1. Art and Science, München, S 99–111

Lanz T von, Wachsmuth W (1972) Praktische Anatomie. 1/4 Bein und Statik, 2. Aufl. Springer, Berlin Heidelberg New York

Oberländer W (1973) Die Beanspruchung des menschlichen Hüftgelenks. V. Die Verteilung der Knochendichte im Acetabulum. Z Anat Entw Gesch 140: 367–384

Oberländer W (1978) Über den Einfluß der funktionellen Knorpelquellung auf die Mechanik kongruenter Gelenke. Verh Anat Ges 72: 157–162

Oberländer W, Kurrat HJ, Breul R (1978) Untersuchungen zur Ausdehnung der knöchernen Facies lunata. Z Orthop 116, 675–682

Pauwels F (1965) Gesammelte Abhandlungen zur Biomechanik des Bewegungsapparates. Springer, Berlin Heidelberg New York

Pauwels F (1973) Atlas zur Biomechanik der gesunden und kranken Hüfte. Springer, Berlin Heidelberg New York

Schreyer (1957) Praktische Baustatik, Teil I, 10. Aufl, bearb von H Ramm. Teubner, Stuttgart

Tillmann B (1969) Die Beanspruchung des menschlichen Hüftgelenks. III: Die Form der Facies lunata. Z Anat Entwgesch 128, 329–349

Sachverzeichnis

131

D. Grob

Fragenkatalog zur Orthopädie

365 ausgewählte Fragen zur Selbst-
prüfung aus dem Gebiet der Orthopädie und der Traumatologie des
Bewegungsapparates

1985. 91 Abbildungen.
VII, 209 Seiten
Broschiert DM 38,–
ISBN 3-540-15090-0

Mit diesem Buch wird durch die
Zusammenstellung von Fragen aus
sämtlichen Gebieten der Orthopädie und Traumatologie des
Bewegungsapparates eine spezi-
fische Weiterbildung im Selbststu-
dium ermöglicht. Zahlreiche Fall-
beispiele und Abbildungen bieten
eine praxisnahe Weiterbildung,
wobei nicht die richtige Antwort
entscheidend ist, sondern der
Anstoß, sich mit den angespro-
chenen Problemen zu beschäftigen
und, wo notwendig, die Grundlagen aus der weiterführenden
Literatur zu erarbeiten.

Springer-Verlag
Berlin
Heidelberg
New York
Tokyo